中高职一体化课程改革（教育类专业）配套教材

幼儿行为观察与指导

YOU'ER XINGWEI GUANCHA YU ZHIDAO

融媒体版

中高职一体化课程改革（教育类专业）配套教材编写委员会
主　任：朱永祥
编　委：程江平　崔　陵　于丽娟　陈晓燕　方卫飞

本书主编：陈静爽
本书副主编：罗　娟

北京师范大学出版社

图书在版编目(CIP)数据

幼儿行为观察与指导 / 浙江省教育厅职成教教研室组编. -- 北京：北京师范大学出版社，2025.2
ISBN 978-7-303-29884-6

Ⅰ.①幼… Ⅱ.①浙… Ⅲ.①幼儿－行为分析－幼儿师范学校－教材 Ⅳ.①B844.12

中国国家版本馆 CIP 数据核字(2024)第 061903 号

出版发行：北京师范大学出版社 https://www.bnupg.com
　　　　　北京市西城区新街口外大街 12-3 号
　　　　　邮政编码：100088
印　　刷：鸿博睿特(天津)印刷科技有限公司
经　　销：全国新华书店
开　　本：889 mm×1194 mm　1/16
印　　张：12
字　　数：248 千字
版　　次：2025 年 2 月第 1 版
印　　次：2025 年 2 月第 1 次印刷
定　　价：38.80 元

策划编辑：姚贵平　　　　　责任编辑：肖　寒
美术编辑：焦　丽　　　　　装帧设计：焦　丽
责任校对：陈　民　　　　　责任印制：赵　龙

版权所有　侵权必究

读者服务电话：010-58806806
如发现印装质量问题，影响阅读，请联系印制管理部：010-58800608

前　言

了解幼儿是有效开展各项保教活动的前提，而观察是了解幼儿的最重要的方式。在《幼儿园教育指导纲要（试行）》《3—6岁儿童学习与发展指南》（以下简称《指南》），以及《幼儿园教师专业标准（试行）》中，都强调教师要关注、倾听、发现、尊重幼儿，并在此基础上因材施教。在2022年颁布的《幼儿园保育教育质量评估指南》中，也将观察幼儿作为评估保教质量的考查要点。

观察、分析幼儿的行为，并进行有效的支持是幼儿园教师的核心能力之一。本教材比较全面地介绍了观察幼儿行为的知识与方法，并提供了诸多来自幼儿园一线的案例、操作活动，力图使学习者"边做边学"，掌握观察、记录与分析幼儿行为的原理和方法，根据幼儿的身心发展水平与需要制订初步的指导方案，并树立正确的儿童观与教育观。本教材以立德树人为根本任务，基于学前教育专业课程改革背景，立足于幼儿园教师岗位要求，以中高职衔接专业标准为依据，针对五年制专科生的特点编写，主要有以下几方面特点。

1. 以立德树人为根本任务，注重思想价值引领

本教材以习近平总书记"培根铸魂、启智增慧"的重要指示为指导，全面落实党的二十大精神，将思政育人目标贯穿始终，致力于让学习者尊重幼儿的发展规律、理解幼儿的行为、树立正确的儿童观和教育观，并提高学生的专业认同感，培养扎根幼教的职业信念。

2. 以学生为主体，可读性强，注重"做中学"

为方便学习者理解，本教材采用通俗易懂、轻松活泼的语言风格，努力把抽象、复杂的专业知识转化为学习型任务，结合日常生活经验以及幼儿园的案例进行解释，并配备丰富的图片、视频案例，通过情境性问题进行启发，凭借操作练习进行体验，具有一定趣味性，让学习者能够读得懂、学得会、用得上。

3. 产教融合，密切结合幼儿园工作实际

本教材吸纳幼儿园教师参与编写，并参考了大量来自幼儿园一线的观察记录案例。编写过程中，针对实际工作中关于幼儿行为观察与指导的常见问题，进行充分讨论，突出重难点内容。同时，每一模块配套有若干实习任务单，将课堂学习与实践锻炼充分融合。

4. 充分利用信息技术，课程资源丰富

本教材利用现代信息技术手段，为师生提供丰富的案例视频、教学视频、资源链接、

各类观察记录表格等。各类课程资源将依据时代要求以及国内外研究成果进行定期更新。

5. 设计思路清晰，结构完整，具有实用性

对接幼儿园教师专业能力，本教材设置了 5 个模块、20 个学习任务，将专业知识和岗位实践有机结合。每个学习任务开始都设有"连线职场"和"学习任务单"，让同学们了解学习内容的工作背景和岗位运用，带着问题和任务深入学习。每一学习任务都设置了"想一想""做一做""议一议""小资料"等栏目，便于同学们思考、操作，同时也可以作为课堂讨论、辩论、练习的内容。在每一任务结束都有"小试牛刀"栏目，该栏目的完成需要同学们运用本学习任务中所学的知识，活学活用。在模块结束处，我们提供了拓展阅读的资料，以及若干测试题，包括教师资格证考试的真题，并结合实习提出课程实践要求，可以巩固重难点知识，拓展学生的视野，课证融通，指导学生在岗位实践中灵活运用所学知识与技能。

教材内容设置为一个学期 32 课时，具体为：认识幼儿行为观察与指导 4 个课时，幼儿行为观察的常用方法 10 个课时，分析幼儿的行为 4 个课时，幼儿行为的指导 4 个课时，综合实践与讨论 10 个课时。内容的组织以幼儿园教师的工作逻辑与学习者的学习逻辑为依据，层层递进，便于由浅入深地学习。

本教材由浙江省教育厅职成教教研室组织编写，由高职院校教师、中职教师、幼儿园教师合作完成编写。杭州科技职业技术学院陈静爽担任主编，金华职业技术大学罗娟担任副主编，杭州市滨江区东方郡幼儿园郭楠楠、杭州市人民职业学校钟燕、金华职业技术学院陈芳艳、宁波幼儿高等师范专科学院邹文谦参与编写工作。其中模块一由陈静爽、邹文谦编写，模块二由罗娟、陈静爽编写，模块三由陈芳艳编写，模块四由陈静爽编写，模块五由钟燕、郭楠楠编写，全书由陈静爽、罗娟统稿。另外，杭州市富阳区三桥幼儿园、杭州市萧山区城厢幼儿园、杭州市滨江区钱江湾幼儿园、北京同道真实文化传媒有限公司（纪录片《小人国》授权单位）以及杭州科技职业技术学院的同学们为本教材提供了丰富的案例资源。此外，还有诸多教师参与了本教材的案例投稿，还接受了编写团队的专业咨询，在此表示真挚的感谢！

本书编写过程中，参阅了大量文献资料，在此对相关研究者表示感谢。由于时间仓促，参考文献或未能一一列出，敬请谅解！因编者水平有限，本书还存在不少疏漏之处，恳请读者批评指正，可将您的意见与建议发至 yaoguiping@126.com，以便我们再版时修正完善。

编　者

致同学

亲爱的同学们，当你去幼儿园实习的时候，是否有时候会因幼儿的"童言童语"惊喜？是否有时候会对幼儿一些"奇奇怪怪"的行为感到困惑？是否又会对幼儿一些"调皮捣蛋"无计可施，感到头疼与挫败？观察是我们每时每刻都在做的事情，同样也是解开幼儿行为谜题的一把钥匙，是我们支持幼儿发展的起点。

在本课程中，我们将会学习如何观察幼儿的行为，如何解读幼儿行为的意义，如何基于观察有效支持幼儿的行为。在这里，我们也可以看到许多来自一线教师和学姐学长的案例与心得体会。

为更好地使用本教材学习课程内容，编者给同学们几点建议：

1. 充分利用教材资源，进行自主学习

本教材不仅仅是用于教学的"教材"，更是为同学们量身定做的"学材"。同学们可以根据教材的栏目设置进行自主学习。

在每一学习任务开始时，本书都提供了"学习任务单"，呈现学习目标、学习要点、学习建议等，同学们可以提前明确本学习任务的主要内容，在学习之后对照学习要求，填写"学习收获与反思"。

"连线职场"部分呈现了真实的教育现场，同学们可以尝试进行思考，写下初步想法，带着问题进入正式的学习。

每一学习任务都设置了"想一想""做一做"等栏目，希望同学们在学习的时候可以动手动脑，结合已有的生活经历、理论学习、实习经验获得答案。有些问题可以通过扫描二维码的方式获得解答思路，有些问题可以与身边的同学讨论或在课堂上讨论，相互启发、开拓思维。

在模块结束时，我们提供了若干测试题，包括部分教师资格证考试的真题，供同学们进行提升与拓展。

2. 在"做中学，学中做"

蒙台梭利曾说："我看到了，我忘记了；我听到了，我记住了；我做过了，我理解了。"幼儿行为观察与指导这一课程具有很强的实践性，必须通过"做中学""学中做"的方式进行学习，不能只是"纸上谈兵"。因此，学生在课堂中应"身心到场"，带着任务主动思考、积极操练，在幼儿园实践中不断尝试所学到的观察方法、分析幼儿的行为，尝试与幼儿进行有效互动，并不断反思。

3. 怀着好奇心研究幼儿

发现幼儿、读懂幼儿、支持幼儿并不容易，我们需要具备扎实的幼儿发展理论知识，悬置我们的主观偏见，善用适宜的观察方法，并寻求有效支持幼儿的策略。而每一种素养的养成都不是一蹴而就的，当你怀着好奇心去欣赏幼儿，抱着研究的心态对待一个个挑战时，你会爱上幼儿，并且获得专业成长。

最后，愿同学们常怀童心、好奇心，畅游"小人国里的大世界"。

目录 CONTENTS

模块一 认识幼儿行为观察与指导 ……1

学习任务1.1　幼儿行为观察概述 ……2
　　一、什么是观察 ……3
　　二、什么是行为 ……4
　　三、什么是幼儿行为观察 ……5
　　四、幼儿行为观察的种类 ……6

学习任务1.2　理解观察幼儿行为的重要性 ……7
　　一、有助于了解幼儿 ……8
　　二、有助于有效开展保教活动 ……9
　　三、有助于进行家园沟通 ……10
　　四、有助于提升教师的专业素养 ……11

学习任务1.3　幼儿行为观察与指导的基本思路 ……13
　　一、准备观察 ……14
　　二、实施观察 ……18
　　三、分析与呈现观察资料 ……20
　　四、指导幼儿的行为 ……21

模块二 幼儿行为观察的常用方法 ……24

学习任务2.1　日记法 ……25
　　一、认识日记法 ……26
　　二、运用日记法 ……27
　　三、评价日记法 ……29

学习任务2.2　逸事记录法 ……31
　　一、认识逸事记录法 ……32
　　二、运用逸事记录法 ……32
　　三、评价逸事记录法 ……35

学习任务2.3　实况详录法 ……37
　　一、认识实况详录法 ……38
　　二、运用实况详录法 ……38
　　三、评价实况详录法 ……41

学习任务2.4　时间取样法 ……43

一、认识时间取样法 ……44
　　二、运用时间取样法 ……44
　　三、评价时间取样法 ……53
学习任务 2.5　事件取样法 ……54
　　一、认识事件取样法 ……55
　　二、运用事件取样法 ……55
　　三、指导幼儿的行为 ……59
　　四、评价事件取样法 ……60
学习任务 2.6　行为检核法 ……61
　　一、认识行为检核法 ……62
　　二、运用行为检核法 ……62
　　三、评价行为检核法 ……68
学习任务 2.7　等级评定法 ……70
　　一、认识等级评定法 ……71
　　二、运用等级评定法 ……72
　　三、评价等级评定法 ……75

模块三　分析幼儿的行为 ……80

学习任务 3.1　观察资料的整理与汇编 ……81
　　一、及时整理，补正信息 ……82
　　二、阶段性整理，定期回顾 ……82
学习任务 3.2　幼儿行为分析的思路和原则 ……84
　　一、幼儿行为分析的常见思路 ……85
　　二、幼儿行为分析的基本原则 ……91
学习任务 3.3　运用《指南》和儿童发展理论分析幼儿行为 ……94
　　一、科学运用《指南》分析幼儿的行为 ……95
　　二、运用儿童发展理论解释幼儿的行为 ……98

模块四　幼儿行为的指导 ……105

学习任务 4.1　幼儿行为指导的基本原则 ……106
　　一、理解并尊重幼儿，立足于幼儿的长远发展 ……107
　　二、基于观察进行指导 ……110
　　三、基于幼儿的最近发展区进行指导 ……111
学习任务 4.2　幼儿行为指导的常见策略 ……113
　　一、通过环境与材料支持幼儿的行为 ……114
　　二、通过师幼互动支持幼儿的行为 ……115

三、通过活动设计与实施支持幼儿的行为 ……115

四、通过生活活动支持幼儿的行为 ……116

五、通过家园共育支持幼儿的行为 ……116

学习任务 4.3　运用《指南》和儿童发展理论指导幼儿的行为 ……118

一、运用《指南》指导幼儿的行为 ……119

二、运用儿童发展理论指导幼儿的行为 ……121

模块五　综合实践与讨论 ……126

学习任务 5.1　生活活动 ……127

一、幼儿生活活动观察与分析的要点 ……128

二、幼儿生活活动的观察方法 ……129

三、幼儿生活活动的指导要点 ……129

四、幼儿生活活动的观察案例与分析 ……130

学习任务 5.2　游戏活动 ……138

一、幼儿游戏活动观察与分析的要点 ……139

二、幼儿游戏活动的观察方法 ……141

三、幼儿游戏活动的指导要点 ……141

四、幼儿游戏活动的观察案例与分析 ……142

学习任务 5.3　教育活动 ……152

一、幼儿教育活动观察与分析的要点 ……153

二、幼儿教育活动的观察方法 ……154

三、幼儿教育活动的指导要点 ……154

四、幼儿教育活动的观察案例与分析 ……155

学习任务 5.4　挑战性行为 ……159

一、幼儿产生挑战性行为的原因 ……160

二、幼儿挑战性行为观察与分析的要点 ……161

三、幼儿挑战性行为的观察方法 ……162

四、幼儿挑战性行为的指导要点 ……162

五、幼儿挑战性行为的观察案例与分析 ……168

参考文献　……179

模块一
认识幼儿行为观察与指导

模块导入

观察是我们每时每刻都在做的事情，同样也是解开"人类幼崽"迷惑行为的一把钥匙，是我们支持幼儿发展的起点。在本模块中，我们将会初步了解：观察是什么、日常观察与专业观察的区别、为什么要对幼儿的行为进行观察，以及幼儿行为观察与指导的基本思路。

学习目标

1. 理解什么是幼儿行为观察。
2. 理解对幼儿的行为进行观察的重要性。
3. 掌握幼儿行为观察与指导的基本思路。

学习导航

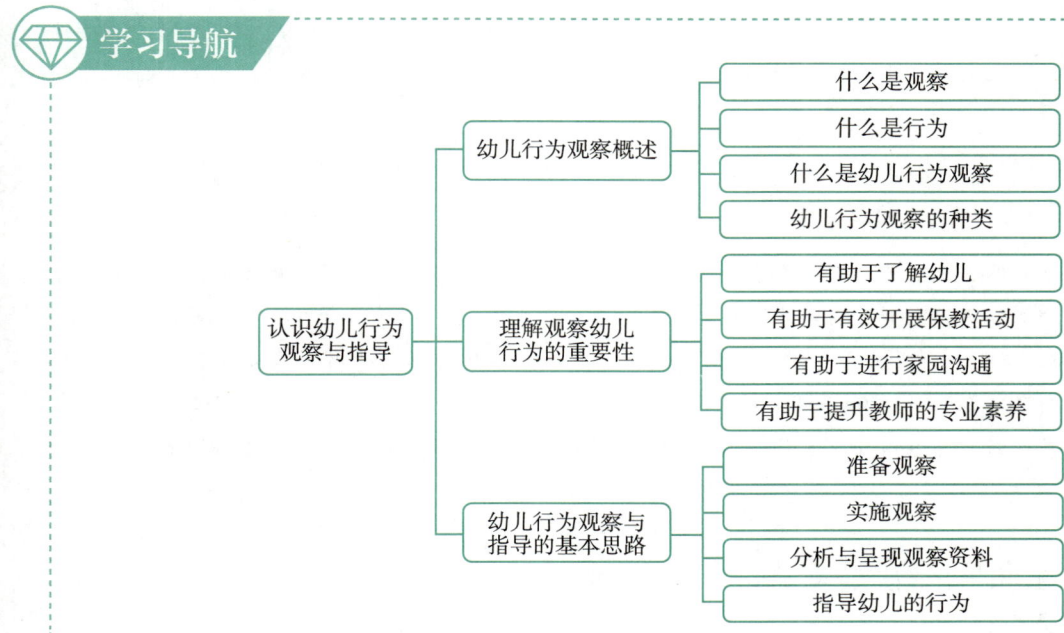

学习任务 1.1 幼儿行为观察概述

学习任务单

项目	内容	备注
学习目标	1. 理解观察的含义与分类 2. 理解行为的含义与分类	
学习要点	1. 理解一般观察与专业观察的区别 2. 了解观察的几种分类方式及其优缺点 3. 理解行为的两种范畴	
学习时数	2课时	
学习建议	1. 课前：结合平台资源、教材案例进行学习，完成相关测试题，并提出疑问 2. 课中：带着问题进行讨论，弄清预习中不懂的部分，并尝试操作 3. 课后：根据学习目标反思学习所得，并进行实践	
学习运用	1. 在幼儿园实践中有观察的意识 2. 识别在实习中非专业的观察 3. 为后续的学习奠定基础	
学习收获与反思		学生填写

连线职场

实习生小王老师刚来大三班的时候，看到带班马老师在忙，就站在一边等候。她看到一个女孩去拿一个男孩手上的绘本，男孩紧紧拽着绘本，看女孩不放手，就打了女孩的手，女孩哭了。马老师对着男孩大喊："又是你，强强，干吗总是去打别的小朋友？"小王老师事后告诉马老师，是女孩先拿了强强的绘本。马老师沉默了一会儿说："强强是一个很顽皮的孩子，总喜欢打别的小朋友，上课也不专心。"小王老师带着疑惑开始对强强进行了半天的观察。她发现强强在集体教学活动时认真听老师的讲解，当老师提问时，会回答老师的问题。接着老师开始分发材料，一分半钟以后，强强开始跟旁边小朋友聊天……

看完这个案例，你有什么感受？你如何看待马老师的做法？你认为马老师是在观察吗？马老师与小王老师对强强的观察为什么会不一样？

学习驿站

▶▶ 一、什么是观察 >>>>>>>

你从宿舍走到教室的时候，路上都感受到了什么？或许你看到了树叶开始变黄，慢慢往下落，你知道现在已经是秋天了，可能会捡起一片银杏叶夹在书里；或许你的同学正眉飞色舞地给你描述昨天看过的电影，你觉得她现在心情很不错，这个电影一定让她印象深刻；或许你听到铃声响起，你知道已经到上课时间了，开始加快脚步……我们每时每刻都会通过观察来获得信息，得出自己的结论，并进行相应的活动。

像这样通过一种或几种感官来获取信息并理解其意义的过程就是**观察**。观察是人类认识周围世界的一个最基本的方法，也是从事科学研究（包括自然科学、社会科学、人文科学）的一个重要手段。观察不仅是人的感觉器官直接感知事物的过程，而且是人的大脑积极思维的过程。❶ 观察是"观"加上"察"。从观察行为发生的过程来看，观察包括"注意—感觉—判断"三个过程。

观察是人的本能，人从出生起就通过看、听、闻、尝等方式认识世界。在日常生活中，我们也无时无刻不在观察，当我们看到什么、听到什么的时候，总是会想"怎么啦？发生了什么？为什么？"等问题，也会有自己的解释，这时我们就进入了观察的状态。那么，既然观察是人的本能，为什么我们要学习怎么观察？日常观察与专业观察有什么区别？为了回答这个问题，请大家完成下面这个活动。

> 观察：通过一种或几种感官来获取信息并理解其意义的过程。

学习笔记

📎 想一想 ▶▶▶▶▶▶

你认为以下案例是属于日常观察还是专业观察？两者的区别是什么？

1. 妈妈送宝贝上幼儿园，来到班级，看到小朋友们在玩桌面游戏，她嘀咕着："这些玩具也太简单了吧，孩子能学到什么呢？"

2. 教师想要了解区角环境的适宜性，提前设计好观察表，在区角活动时，对幼儿区域的选择、游戏的状态进行记录，经过多次观察与记录，调整区域的材料。

日常观察通常是由好奇或者兴趣引起的，具有随机性，信息较为零散，判断比较武断。观察者很少对信息是否属实、判断是否合理进行验证，观察过程主要包括"事实获取—主观判断"。而专业观察是观察者由于科学研究或者职业需要，有目的、有计划地运用感觉器官能动地对自然或社会现象进行感知和描述，从而获得有关的事实资料的过程❷，是"获取信息—主观判断—继续收集信息—主观判断"这一循环往复的过程，需要确保信息的准确性以及

微课：日常观察与行为观察

---

❶ 陈向明：《质的研究方法与社会科学研究》，227 页，北京，教育科学出版社，2000。
❷ 同上书，228 页。

判断的科学性，两者的区别参见表1-1。从这里可以看出，专业观察需要一定的学习与训练。

表1-1 日常观察与专业观察的区别

	日常观察	专业观察
观察目的	由于好奇或者兴趣引起，具有随机性	由于科学研究或者职业需要，目的明确
观察过程	"事实获取—主观判断"	"获取信息—主观判断—继续收集信息—主观判断"这一循环往复的过程
观察结果	主观、武断	真实、客观、准确

做一做

在"连线职场"案例中，马老师看到强强打了小女孩，小女孩哭了，于是对着男孩大喊："又是你，强强，干吗总是去打别的小朋友？"

你如何看待马老师的观察？如果从专业观察的角度，你认为还需要获取什么信息？如何获得这些信息？

▶▶ 二、什么是行为 ▶▶▶▶▶▶▶▶

这里的行为，是指被观察者的行为。对行为的解释有狭义和广义两种。**狭义的行为**是指个人外在的一言一行、一举一动，是能被直接观察、描述、记录或测量的活动，如一个人吃饭、睡觉、走路，便是狭义的行为。**广义的行为**不仅包括能直接观察到的、可见的外在活动，还包括以外在活动为线索，间接推断出来的内在心理活动和心理过程，如被观察者的情绪、动机、意志、个性等。如图1-1，我们可以从幼儿玩滚筒游戏的外在行为观察到内在的平衡能力、协调性，以及胆量、解决问题能力等内在品质，两者的关系参见图1-2。

小资料

古典行为主义者认为行为是可以观察、可以测量的外显反应或活动。

新行为论认为刺激与反应之间包含着许多复杂的历程，内隐性的心理结构、意识作用、记忆等均属于行为范畴。

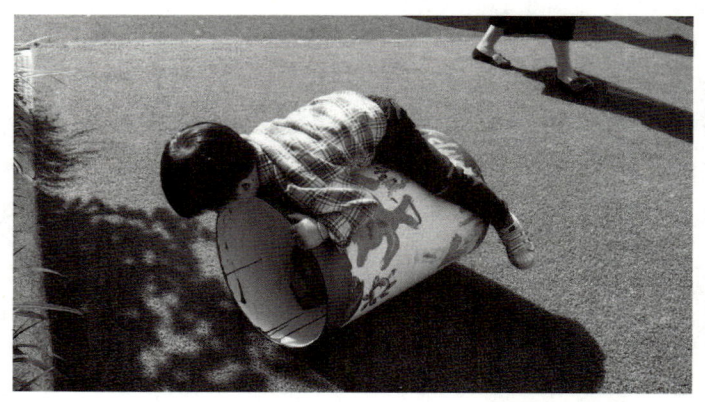

图1-1 幼儿玩滚筒游戏(资料来源：萧山区城厢幼儿园)

图 1-2　狭义的行为与广义的行为关系图

我们在进行行为观察的过程中,不仅要了解幼儿的外在表现,而且要了解幼儿的内在动机、想法等。因此,本书中的"行为"指的是广义的行为。但需要注意的是,在行为观察的过程中,我们只能看到外在的行为表现,而内隐的行为只能通过推测或假设的方式来判断,因此在推断的过程中需要收集信息,小心求证。

做一做

你可以从表 1-2 的外在表现中推测出什么信息?与你的同伴交流,你们的推测是否相同?

表 1-2　外在表现推测表

外在表现	推测内隐行为
玲玲本周五次区域活动中,有四次选择了建构区	
强强被老师批评之后,大哭起来	
老师给每组小朋友桌上放了饼干,轩轩伸手去拿,又把手放下了	
萌萌十分钟咬了四次指甲	

幼儿的行为是一个整体,为了更好地认识与分析幼儿的行为,我们需要对幼儿的行为进行分类。从不同的维度,幼儿的行为可分为不同的类型(见图 1-3)。

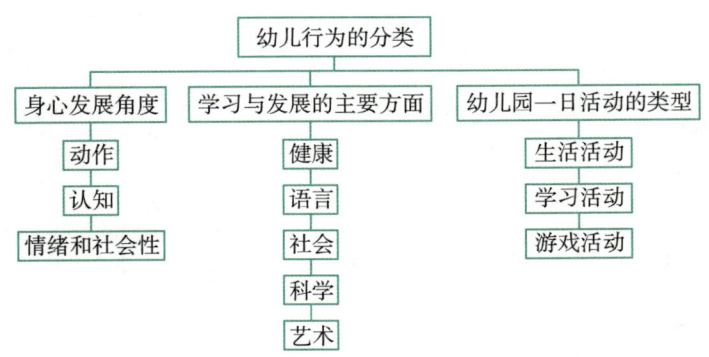

图 1-3　幼儿行为的分类

▶▶ 三、什么是幼儿行为观察 ▷▷▷▷▷▷▷▷▷

幼儿行为观察是指通过感官或仪器,有目的、有计划地收集自然状态下的幼儿行为信息,并对其进行分析、判断的过程。包括"注意(观察目标锁定)—感官、仪器收集资料与信息(观察并记录)—判断(行为的分析与解读)"

三个步骤。❶ 幼儿行为观察具有以下几个特点：

第一，幼儿行为观察是在自然条件下进行的。想要了解幼儿真实的行为及意义，需要在自然的状况下进行。所谓自然的状态，也就是不加人为干预，是幼儿在自然情境中进行的自然反应。比如，要观察幼儿的进餐习惯，就要在他日常进餐的过程中进行。

第二，幼儿行为观察是一种有目的、有计划、有一定控制的研究方法。作为专业观察，幼儿行为观察具有目的性，在观察的过程中需要对观察的内容、步骤、方式等进行一定的控制以减少误差，增强结论的可靠性。我们需要对观察什么、怎么观察、在哪里观察、什么时间观察等进行设计。

第三，幼儿行为观察需要通过多种途径收集资料。在观察的过程中，我们除了运用感官之外，也可以借助仪器或工具收集资料，如影音设备等。

▶▶ 四、幼儿行为观察的种类

对于幼儿行为观察的种类，根据不同的角度，有不同的分类方式。按照观察层次的深浅，可以分为日常观察与专业观察；根据观察的结构化程度，可以划分为结构性观察与非结构性观察（也称正式观察与非正式观察）；根据观察者的参与程度，可以分为参与性观察与非参与性观察；根据观察是否直接面对被观察者，可以分为直接观察与间接观察；根据记录方式与内容连续性的不同，可以分为描述性观察、取样观察与评定观察。不同的观察方法有各自的适用情境及优缺点，观察者可以根据需要选用一种或多种观察方法。

微课：观察的分类

做一做

请观看微课视频"观察的分类"，完成表1-3。

表1-3 幼儿行为观察表

分类依据		特点	优势	局限性
结构化程度	结构性观察			
	非结构性观察			
观察者的参与程度	参与性观察			
	非参与性观察			
是否直接面对被观察者	直接观察			
	间接观察			
记录方式与内容连续性	描述性观察			
	取样观察			
	评定观察			

---

❶ 刘昆：《幼儿园教师的儿童行为观察与支持素养的提升研究》，华东师范大学博士论文，2018。

学习任务 1.2　理解观察幼儿行为的重要性

学习任务单

项目	内容	备注
学习目标	深刻领会观察对于幼儿园教师的重要性	
学习要点	1. 理解观察幼儿的行为是了解幼儿的基础 2. 理解观察幼儿的行为是有效支持幼儿的前提 3. 理解观察幼儿的行为对于教师专业发展的意义 4. 结合实践，思考观察在幼儿园实践中的运用	
学习时数	1课时	
学习建议	1. 与幼儿园教师交流，了解观察对于教师的意义 2. 结合实践，思考观察在幼儿园实践中的运用	
学习运用	形成观察的意识，养成"先观察、再行动"的理念	
学习收获与反思		学习填写

连线职场

每到月末，幼儿园老师们都在忙碌地准备需要上交的材料。中三班的两位老师为观察记录发愁，忍不住抱怨。刘老师说："观察记录每次都要交很多，什么学习故事、个案、区域观察一大堆。写这么多好像也没什么用，感觉都是应付交差。"张老师说："我也觉得，而且有必要那么仔细地观察小孩子吗？接触时间久了，自然就了解了。"李园长刚好路过，看到这一幕，就过去与老师们交流。

你如何看待老师们的抱怨？你认为观察幼儿的行为对幼儿园老师有什么价值呢？你认为李园长会对老师们说什么呢？

一、有助于了解幼儿

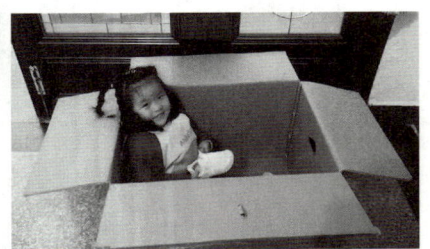

图1-4 3岁幼儿坐在纸箱里

(一)观察幼儿的行为是了解幼儿的最佳方式

在日常生活中，你是否觉得小孩子总有一些很"奇怪"的行为：他的口袋里永远会有很多千奇百怪的东西，如石子、沙子、珠子；他可能会把开水倒进鱼缸里；他有时候会躲在行李箱里、窗帘后面（如图1-4）；他有时候也会"说谎"，明明是幼儿园的玩具，他偏要说"我的、我的"，然后死死地攥在手里。幼儿的思维方式、兴趣与成人存在诸多差异，我们如果"以成人之心，度幼儿之腹"，很容易对幼儿产生误解。

那么，我们要通过什么方式来了解孩子的真实想法呢？对于较大年龄的儿童或者成人，我们可能会采用谈话、测试的方式来了解他们。但由于年幼的儿童语言表达能力、理解能力等方面发展不成熟，如果我们用这些方式去了解幼儿，会存在一定困难，观察可以说是了解幼儿发展的最佳方式。首先，行为观察考察的是幼儿的实际行为，不需要幼儿根据成人的要求做出特定的反应，弥补了幼儿语言表达、理解能力以及意志力的局限性；其次，行为观察是在自然情境中进行的，可以了解幼儿的真实水平；最后，相比较于较大年龄的儿童或成人，幼儿更少受到观察过程的影响，即在被观察状态下表现得更自然、真实。

(二)通过外显的行为可以了解幼儿各方面的发展状况

外显的行为是可观察的，我们只要仔细看，就可以获得多方面的信息，而外显的行为也往往是内在意识的反映。我们通过观察幼儿的外显行为，可以获得幼儿各个领域的发展能力、个性品质、兴趣和需要等方面的信息。表1-4是中班老师对轩轩的一段观察记录。

表1-4 幼儿点心环节的观察记录

观察对象：轩轩　4岁2个月
观察时间：2019年5月31日　15:05—15:15
观察情境：点心环节
观察者：王老师

客观记录	解释
点心时间，轩轩从桌子中间的餐盘里拿了一块饼干放到自己的餐盘里，接着又一把抓了三颗葡萄，放到自己的餐盘里。她用食指指着葡萄："1、2、3，我今天要吃三颗葡萄。"接着，对着餐盘里的小熊说："你也吃葡萄吧！"边说边把葡萄放到小熊嘴巴的位置。然后把葡萄塞到自己的嘴巴里。她对着旁边的明明说："我最喜欢吃葡萄了。"吃完之后，轩轩把餐盘放到了回收处，自己去洗了手。	轩轩能自己从餐盘里拿取点心，吃完之后能把餐盘放到回收处，自己去洗手，具有一定的自理能力。 轩轩能手口一致点数三以内的数量，并说出总数。 轩轩把自己的葡萄给小熊吃，是想象游戏的体现。 轩轩喜欢吃葡萄。 轩轩愿意与同伴交谈，并能用简单句清楚表达想法。

在上述案例中，我们观察到的外在行为是轩轩点心环节中拿取食物、点数、喂小熊食物、吃葡萄、与同伴说话、放餐盘、洗手，通过对其外在行为的理解，老师推测出轩轩在自理能力、数学认知、同伴交往、想象等方面的发展水平，也能了解轩轩的喜好。因此，通过仔细观察，我们可以获得幼儿各个方面的信息，通过多次观察，我们可以发现幼儿的行为模式，并对幼儿各个方面的发展状况进行评估。

视频：幼儿喝水

做一做

请扫码观看视频，视频中的小女孩（3 岁 4 个月）在做什么呢？我们可以观察到小女孩哪些方面的发展状况？

▶▶ 二、有助于有效开展保教活动 ▶▶▶▶▶▶▶

有效支持幼儿的发展并不容易，教师只有在充分观察以了解幼儿的发展水平、兴趣和学习风格等的基础之上，才能通过课程设计、个别指导、环境创设等方式支持幼儿的发展，在实施的过程中，也需要通过观察来评估支持方案的有效性。观察评估与支持方案的制订、实施的关系如图 1-5 所示。

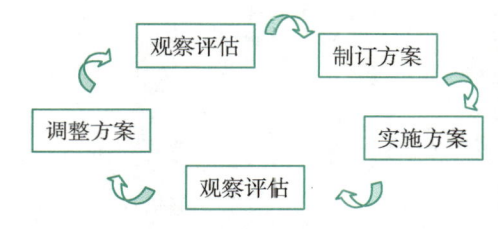

图 1-5 观察评估与支持幼儿发展的关系

第一，要基于幼儿的发展水平提供有效的支持。针对上述案例中轩轩的情况，教师可以从自理能力、数概念、社会交往等各个方面对轩轩提供支持。比如，从这个案例中可以看出，轩轩现在已经能进行 3 以内的计数，这是小班年龄段幼儿数学发展水平，可以考察轩轩是否能够计数更多数量的物品。在日常生活及游戏中，可以通过让轩轩点数台阶、点数小朋友的人数等方式来促进其计数能力的发展。在点数策略上，除了可以采用一一点数的方式，也可以引导轩轩用"接着数"的方式提高计数能力。在开展集体教学时，也需要考虑到班级幼儿的整体发展水平。当大部分幼儿已经能正确点数 5 以内的物体时，教师便不必根据本年龄段的发展目标专门为幼儿设计 5 以内点数的集体教学活动。对于个别没有掌握的幼儿，可以通过区域游戏、个别指导的方式进行支持。

第二，根据幼儿的兴趣设计与调整支持方案。教师在组织活动时，经常会问幼儿："喜欢这个活动吗？"幼儿通常都会大声回答："喜欢！"但通过观察，我们可以发现，幼儿在活动中东瞧瞧、西看看，一会儿跟旁边的幼儿聊天，一会儿玩玩自己的手。可见，仅用谈话的方式有时无法了解幼儿的真实想

学习笔记

法，要了解幼儿的真实兴趣，不仅要"听其言"，更要"观其行"。在下面这个案例中，教师便是通过观察了解到幼儿的真实兴趣，以此为依据生成了新的主题。

在开展"小农夫"主题的活动的时候，大三班小朋友在班级门口种了很多蔬菜，幼儿每天都会去种植区观察、记录蔬菜的生长。有一天，老师发现果果小朋友在"蔬菜日记"里面画了自己的新发现——菜叶长虫了！（见图1-6）老师请果果分享自己的发现。接下来几天，老师发现幼儿一有空就会围着青菜看，每天都有小朋友来跟老师汇报又有蔬菜长虫子了。老师根据幼儿的兴趣生成了新的主题活动——虫虫来了。

图1-6　菜叶长虫了

做一做

大二班张老师为了了解幼儿对各个区域的喜爱程度，记录了每天来各区域的幼儿数量，一周之后进行了统计，以下是张老师的统计结果（见图1-7）。

你从这则观察记录中发现了什么？你认为可能的原因有哪些？

图1-7　大二班幼儿区域选择情况统计图

▶▶ 三、有助于进行家园沟通 ▶▶▶▶▶▶▶▶

（一）观察幼儿的行为有助于建立良好的家园关系

家园合作是幼儿园的一项重要的工作内容，也是促进幼儿发展的重要方式。家园沟通十分重要，也是很多新教师觉得非常困难的事情。以下是一位入职两年的教师的陈述：

我觉得家园沟通是最难的。家长每天都要问我很多问题：我家孩子今天表现怎么样呀？我家宝宝今天吃了多少？我家宝宝今天喝了多少水？我家宝宝今天在园里大便了吗……每天工作这么多，孩子这么多，我怎么记得住呢？特别是遇到问题的时候，有的孩子很喜欢打人，但是跟家长说时，家长就要护着，说孩子在家里不是这样的，没有一点歉意，真的很难沟通。我也比较年轻，家长经常会不相信我，什么事情都要找主班，我也很无奈。

这位教师遇到的困难在新教师群体中是很常见的,而观察记录是帮助我们进行家园沟通的重要"法宝"。我们在后续的学习中会介绍多种观察记录的方法,能帮助我们高效记录日常生活中幼儿的行为,让家长发现教师很细心地关注到了每一个孩子。同时,如果教师能深入分析幼儿的行为,并给出有效的解决策略,会让家长更信服教师的专业能力,使沟通更加顺畅。

(二)观察幼儿的行为能帮助家长了解幼儿

教师观察幼儿的行为并进行记录,系统地呈现幼儿在园的表现、分析发展的状况,家长能借助观察记录完整地了解幼儿的特点与发展变化。同时,如果教师能有意识地引导家长在家中对幼儿进行观察,或者邀请家长来园共同观察,则更加能增进家长和教师对幼儿行为的理解,并为幼儿提供适宜的教养。

可见,家园沟通与观察幼儿的行为是相辅相成的,通过行为观察能促进家园沟通,而通过家园沟通,老师和家长都能从对方那里获得更多关于幼儿的信息,从而更加深入、全面地了解幼儿。

▶▶ 四、有助于提升教师的专业素养 >>>>>>>>

(一)观察能力是幼儿园教师的核心素养

幼儿园教师是教育实践的执行者,幼儿园教师的专业素养是影响保教质量最直接、最关键的因素,该观点已经得到世界范围内的广泛认可。很多国家都将观察与解读儿童视为幼儿园教师专业能力的重要指标,并纳入教师专业标准。2001 年我国教育部颁布的《幼儿园教育指导纲要(试行)》(以下简称《纲要》)的第三部分第十条中指出:

1. 以关怀、接纳、尊重的态度与幼儿交往。耐心倾听,努力理解幼儿的想法与感受,支持、鼓励他们大胆探索与表达。

2. 善于发现幼儿感兴趣的事物、游戏和偶发事件中所隐含的教育价值,把握时机,积极引导。

3. 关注幼儿在活动中的表现和反应,敏感地察觉他们的需要,及时以适当的方式应答,形成合作探究式的师生互动。

4. 尊重幼儿在发展水平、能力、经验、学习方式等方面的个体差异,因人施教,努力使每一个幼儿都能获得满足和成功。

5. 关注幼儿的特殊需要,包括各种发展潜能和不同发展障碍,与家庭密切配合,共同促进幼儿健康成长。

上述"倾听""理解""善于发现""关注"等词汇均说明了教师需要观察幼儿、了解幼儿。2012 年,我国教育部颁布了《幼儿园教师专业标准(试行)》,文件中有多项能力模块与指标对幼儿行为观察提出明确要求,表 1-5 为部分摘录。

表1-5 《幼儿园教师专业标准(试行)》与幼儿行为观察相关的内容摘录

维度	领域	基本要求
专业知识	幼儿保育和教育知识	30. 掌握观察、谈话、记录等了解幼儿的基本方法
专业能力	教育活动的计划与实施	49. 在教育活动中观察幼儿，根据幼儿的表现和需要，调整活动，给予适宜的指导
	激励与评价	52. 关注幼儿日常表现，及时发现和赏识每个幼儿的点滴进步，注重激发和保护幼儿的积极性、自信心
		53. 有效运用观察、谈话、家园联系、作品分析等多种方法，客观地、全面地了解和评价幼儿
	沟通与合作	56. 善于倾听，和蔼可亲，与幼儿进行有效沟通
	反思与发展	60. 主动收集分析相关信息，不断进行反思，改进保教工作

文本：幼儿园教师专业标准(试行)

做一做

请扫码阅读《幼儿园教师专业标准(试行)》，思考如下问题：

除了上述专业素养之外，你认为幼儿园教师还有哪些专业态度、知识、能力和幼儿行为观察有关？

学习笔记

（二）通过观察可以促进幼儿园教师的专业发展

有研究表明，新手教师与专家型教师的最显著区别就在于是否具备观察意识与专业观察能力，美国学者丽莲·凯兹将观察能力视为帮助新教师成为专家的必备条件。有人估算过，一位教师一天要做几百个决定，这些决定都是基于观察而做出的反应。观察、决断、行动这三个环节，每天都不断地重复着。教师的观察很大程度上决定着教师行为，也影响着保教质量。

在学习任务1.1的"连线职场"案例中，教师没有观察到强强打西西之前的情形，便按照对强强的已有偏见直接指责强强，就是因为没有掌握正确的观察方法。面对这样的情况，首先，教师应该放下对强强的主观偏见，询问整个事件发生的经过，进行适当的调节。其次，如果强强的攻击性行为经常发生，便应该制订严密的观察计划，记录强强每一次攻击性行为的原因、表现以及结果，分析强强产生攻击性行为的原因，并进行有效的干预。通过采用科学的观察方法，教师不仅可以研究儿童，而且能通过参与者的身份反思自己的保教行为，反思环境创设、材料投放、活动设计是否合理，反思自己对幼儿的指导是否有效。同时教师也能在观察中发现问题、解决问题，充实自身的专业知识，提升专业能力，使自己成为研究型的专家型教师。

议一议

与同伴讨论，如果你是园长，看到"连线职场"中的这一幕，你会对教师们说什么呢？

_____
_____

学习任务 1.3 幼儿行为观察与指导的基本思路

学习任务单

项目	内容	备注
学习目标	1. 掌握专业观察的基本思路及注意事项 2. 了解观察记录的基本构成	
学习要点	1. 掌握专业观察的基本思路 2. 能根据需要确定观察目的、目标，并撰写观察计划	
学习时数	1 课时	
学习建议	1. 课前：结合平台资源、教材案例进行学习，并提出疑问 2. 课中：带着问题进行讨论，弄清预习中不懂的部分，并尝试操作 3. 课后：结合教材后续模块进行学习	
学习运用	构建大致的观察思路，为后续的学习做准备	
学习收获与反思		学生填写

连线职场

某幼儿园张老师想要了解自己班上幼儿的亲社会行为及其发生的频率，但对发生在所有幼儿身上的亲社会行为都进行研究，她的时间和精力是不允许的，为此她很苦恼。

请以小组为单位，初步讨论设计一个观察方案帮助张老师解决问题。

_____
_____

学习驿站

专业的幼儿行为观察与指导一般包括准备观察、实施观察、分析与呈现观察资料、指导幼儿的行为四个步骤。

一、准备观察

(一)制订观察计划

想一想

你认为有必要制订观察计划吗？有目的的观察和随机的观察哪一种更好？

专业的观察并非是随机地"看"一些东西，而是有目的地观察一些事物。观察计划一般包括观察目的（Why）、观察要点（What）、观察对象（Who）、观察方法（How）、观察地点（Where）以及观察时间（When）和次数六大要素。

1. 观察目的

观察目的是指将要观察什么或者完成什么的表述，即观察的全部意图（Why）。观察目的的确定为观察计划的制订明确了方向，也就是说观察方案的实施最终也是为了达成观察目的。因此实施学前儿童行为观察的第一步就是确定一个清晰的观察目的。比如，了解幼儿的语言能力，以及其如何使用语言作为社会性互动的工具。

对于新手教师来说，经常会面临"不知道观察什么"的问题，可以根据下列提示寻找观察的主题：

第一，从幼儿该年龄阶段的核心经验着手，每次选取一项或几项，可以参考《3—6岁儿童学习与发展指南》（以下简称《指南》）。

第二，幼儿当前的挑战和困难或反复出现的问题。

第三，幼儿在一日生活的某些环节、具体活动或者活动室的某些区域的活动表现。

第四，根据前期发现采取的进一步观察。

第五，结合课程中幼儿的学习目标确立观察的主题。

2. 观察要点

专业的观察应该是有方向、有范围的观察，因此在制订观察方案时我们需要有具体的观察要点（有时也称作"观察目标"）。所谓的观察要点是指对所要观察的具体行为的陈述，也就是我们要观察什么（What）。这里需要区分观察目的和观察要点。如前所述，观察目的是去说明我们观察的意图，也就是去说明我们为什么要观察（Why），而观察要点指的是我们要观察什么行为（What），是对观察目的的进一步细化。例如：

观察目的：观察幼儿的进餐行为，改善幼儿进餐习惯。

观察要点：（1）观察幼儿使用勺子的能力。

（2）观察幼儿膳食的偏好。

另外，在制订观察要点时，为了使观察具有可操作性，有时会对目标行为下操作性定义，这需要我们将抽象、模糊的概念变成具体、可操作性概念。❶ 操作性定义就是把必须观察或测定的行为，给予详尽的说明和规定，以确定这一行为或现象测量与观察记录的客观标准，即观测指标。举例来说，研究者想要观测饥饿状态下人的情绪，那么这里我们就需要对"饥饿"下一个操作性定义。按照营养学上的观点，饥饿指机体未能得到或未能充分得到自身营养所需的氧、热能或营养素的状态。但是依据这一理论概念，我们依然无法清晰地界定哪些个体属于"饥饿"状态，因此我们可以依据已有研究尝试给"饥饿"下一个操作性定义，如连续10小时没有进食。（更多关于操作性定义的用法，可参见教材模块二中"时间取样法""事件取样法"）

3. 观察对象

观察对象是指我们要去观察谁（Who）（见图1-8）。在选择观察对象时，我们需要依据观察目的去思考以下几个问题：首先，保证幼儿的发展水平与我们想要的观察的行为相匹配，也就是说，我们需要结合学前儿童发展的特点去思考，我们选择观察的目标行为是不是该年龄段儿童身上比较常见或具有代表性的行为。其次，依据观察目的我们还要确定观察对象是选择个体还是群体？是任意一个（一组）还是特定的一个（一组）？当然这些问题都需要结合具体的观察目的去做具体分析。值得注意的是，我们需要在一定时间内对每一个幼儿的各个方面都进行观察，以对每个幼儿都有全方位的了解。

图1-8 幼儿洗手（资料来源：三桥幼儿园）

4. 观察方法

观察方法（How）根据不同的维度，有不同的分类方式。常见的方法有描述的方法（如日记法、逸事记录法、实况详录法）、取样的方法（时间取样法、事件取样法）、评定的方法（行为检核法、等级评定法）。每一种观察方法都有其不同的特性、使用方式及优缺点。采用什么样的记录方式要结合观察目的、观察方法的适用情境及现场条件等综合因素去做判断。（相关方法的具体介绍请参阅教材模块二）

---

❶ 陶保平：《学前教育科研方法》，109页，上海，华东师范大学出版社，1999。

5. 观察地点

观察地点（Where）的选择需要我们结合观察的目标行为去思考（见图1-9、图1-10）。我们需要考虑观察的目标行为常常会在哪些地方出现。比如，我们要观察幼儿大动作发展，常常会选择在户外运动场地。选定了观察地点后，还要去思考这些地方有什么特点。结合选定观察地点的特点，我们需要考虑在实施观察时我们自己应该处在哪个具体的位置。另外，还要决定自己与被观察者之间是否要有距离。如果保持距离的话，那么这个距离对观察的结果会有什么影响。

图1-9　户外游戏骑车（资料来源：三桥幼儿园）　　图1-10　室内建构游戏（资料来源：文翰幼儿园）

想一想 ▶▶▶▶▶▶

王老师想要观察明明的动作发展，在明明做操时进行视频拍摄。明明时不时看向王老师，动作比其他幼儿慢好几拍。

王老师在观察时遇到了什么问题？如果是你，你会怎么办？

6. 观察时间和次数

观察时间（When）和次数就是说明我们什么时候进行观察及打算实施几次观察。观察时间和次数的确定应该结合观察目的及观察方法来考虑。比如，我们在进行观察时采用的是逸事记录法，那么我们的观察时间就是不明确的，因为逸事记录法是等待那些我们觉得有价值、有意义的事件发生时再进行记录，因此在事件发生之前我们无法预测具体的发生时间，所以对于这种观察方法而言，观察的时间是无法确定的。假如我们采用的是时间取样的方法，那么就需要在观察之前明确观察的具体时间安排。比如，我们需要确定每次观察开始和结束的时间、观察的次数，以及两次观察之间的时间间隔等。除此以外，观察时间和次数的确定也会受到观察者时间和精力的影响，因此我们也要结合实际情况具体分析。

（二）准备观察工具

制订完观察计划，我们还需要准备相应的观察工具。常见的观察工具包含以下几类：

第一，记录纸，可以是便笺纸，也可以是随身携带的笔记本等，有时我们还需要依据观察的方法制订观察记录的表格。观察记录的表格没有固定格式，但在设计时需要考虑我们在观察记录时想要获取哪些信息，在排版上需要考虑到记录时的方便及后续观察材料归纳整理的便利性，可参考表1-6和表1-7。

表 1-6　个别幼儿的逸事记录

幼儿姓名：	观察时间：
观察者：	观察地点：
记录：	分析：

表 1-7　区域活动多名幼儿的观察记录

区域名称：		观察时间：
幼儿姓名	记录	

第二，记录笔，可以准备不同颜色、粗细的记录笔，以便进行标记。

第三，计时工具，如手表、秒表。

第四，摄像机、照相机、录音笔等记录工具。

(三)根据需要进行预观察

在实施结构化观察时，我们在正式观察之前还需要进行预观察。预观察可以帮助我们及时发现问题，完善观察计划。比如，观察内容是否合理，观察表格是否完善，记录方式是否需要调整，观察者的站位是否合适等。预观察可以帮助我们查漏补缺，为正式观察做好准备，请参见教学视频。

视频：观察的准备

(四)观察者自身的准备

在幼儿行为观察中，观察者自身是最重要的观察工具。作为观察者，我们除了需要掌握科学的观察方法之外，还需要掌握幼儿发展方面的知识，以帮助我们识别有价值的幼儿行为，并进行科学分析。除此之外，我们还需要具备正确的儿童观，并遵守观察伦理。

📎 **做一做** ▶▶▶▶▶▶

请根据表 1-8 进行自我评价，思考自己在哪些方面已经做好了准备，哪些方面还需要加强。

表 1-8 观察准备自我评价表

项目	程度		
	不符合	部分符合	完全符合
我对探究幼儿的行为是感兴趣的			
遇到问题时，我会通过多种方式去收集资料，寻找解决问题的方法			
我了解幼儿的学习方式			
我了解不同月龄幼儿各个方面的发展特点			
我能区分事实和主观判断			
我常常依据客观事实来评判事物，而不是依据已有的偏见			
我能观察到周围人、事、物的一些细节信息			
我能快速、准确地记录所见所闻			
我能用文字清楚地表达事件的来龙去脉以及自己的看法			
我能用正向的眼光看待幼儿的行为			

学习笔记

▶▶ **二、实施观察** ▶▶▶▶▶▶▶▶

制订好观察方案以后，我们需要按照计划进行实际观察，并做好观察记录，可借助记录表格或者录音、录像设备等。在实施观察的过程中，我们需要注意以下几点。

(一) 客观地进行观察与记录

我们在实施观察时应该尽量保持客观，避免将自己的主观想法、情感带入观察中，切忌将客观事实与主观想法混淆在一起。观察时我们可以通过使用仪器设备、将观测行为指标化、多个观察者同时实施观察等方式去增强观察的客观性。

📎 **议一议** ▶▶▶▶▶▶

你认为下述记录客观吗？请与你的同伴讨论。

玲玲（女，3 岁 1 个月）

玲玲今天在幼儿园的表现非常差。她一直在跟其他小朋友抢玩具，还打了其他小朋友。我批评了她，并且不得不带着其他孩子离开。

(二) 尽量当场记录，辅以事后补记

为避免遗忘，我们应尽量现场记录，在现场记录的过程中我们可以根据观察计划采用描述记录、符号记录或者两者结合的方式进行速记，也可以运用现代记录技术，如拍照、录像、录音等，还可以收集幼儿的作品。但现场记录有时会来不及或会被打断，需要事后进行补记。值得注意的是，事后记录常会出现记忆模糊、混淆、记错等问题，因此需要及时抽空补记。

(三) 尽量不干预被观察者的活动

在进行观察时，观察者应尽量避免与幼儿交流意见，对幼儿的表现不做肯定或者否定的评价，以免对幼儿形成心理暗示和引导，尽量创设最自然的状态。

(四) 避免引起注意

在观察过程中应尽量避免引起幼儿的注意，因为当幼儿意识到自己正在被观察时可能会产生"霍桑效应"（Hawthorne Effect）。所谓"霍桑效应"是指当人们知道自己成为观察对象时，则会改变行为的倾向。❶ 如果幼儿因为意识到自己正在被观察而改变了自己的行为，那么我们观察结果的客观性就会受到影响，因此观察者要尽量避免引起被观察对象的注意，以减少负面影响。

如何才能不引起幼儿的注意呢？第一，观察者在进行观察时可以采用参与式观察，即观察者以活动参与者的身份进行观察，这样既能够避免引起幼儿的注意，也便于幼儿接受。第二，采用非参与观察时，可以与幼儿适当保持一定距离，且尽量避免与幼儿有眼神对视。第三，如果观察者是陌生人，在实施观察之前要先进入幼儿活动场所和幼儿接触并熟悉。第四，如果观察实施过程需要使用摄像机等设备，那么在观察实施之前也是需要提前将设备放入观察地点让幼儿摸摸、看看，避免因为外界陌生因素突然介入而引起幼儿心理上的不适感。此外，如果条件允许，我们可在安装单向玻璃的活动室中进行观察，这样就能够使幼儿在不受干扰的情况下展现自我，但这种方式在倾听及细节信息查看上会存在困难。

(五) 遵守专业道德

对幼儿进行观察时，我们需要遵守以下伦理道德：第一，观察前需要获得家长的同意；第二，被观察者有要求停止观察的权利（无论年龄大小）；第三，观察时绝对不可以对幼儿造成伤害（包含生理和心理两个方面）；第四，观察中若发现幼儿的缺点或者不足，应以合理的方式告知家长并注意保护隐

---

❶ 施燕、韩春红：《学前儿童行为观察》，98页，上海，华东师范大学出版社，2011。

私；第五，注意保护观察记录，避免公开。❶

三、分析与呈现观察资料

(一)处理观察资料，分析幼儿的行为

1. 处理观察资料

在实施观察并获取观察材料后，需要对获取的材料进行整理分析。第一，要做到及时处理观察资料，避免因为时间间隔太久导致观察者遗忘观察时的一些细节，从而导致观察结果的精确度下降。第二，要考虑资料是否齐全、是否有效，是否需要进一步观察。第三，针对不同类型的资料可以采用不同的方式进行分析。对于观察获取的文字记录资料，我们需要进行质性分析。质性分析主要是将记录的文字的关键内容摘录下来，并将复杂的文字简单化，在此基础上进行推断分析。对于观察获取的数据资料，则可以进行量化分析（如可以采用 Excel、SPSS 等常见的数据分析软件进行分析）。通过对数据进行统计分析，得出一些结论。第四，定期对观察资料进行整理，分类编码，使观察资料更加有序，也有助于日后的快速提取与回顾。（具体请参阅教材模块三）

2. 解读幼儿的行为

分析是对观察记录的现象进行解释的过程。我们需要通过幼儿的外在行为表现解读幼儿行为背后的原因、影响因素及幼儿的发展水平、兴趣和需要等。在分析的过程中，一方面，我们要依据客观事实，多次观察，并抓住细节信息；另一方面，我们要借助于儿童发展理论、《指南》等对观察结果进行解释。（具体请参阅教材模块三）

(二)撰写观察报告

呈现观察资料的方式有很多，如观察记录、研究报告、成长档案册、家园联系册等，这里着重介绍如何撰写观察报告。

观察报告就是将观察到的信息、分析与建议用文字的形式按照清晰的顺序梳理出来。撰写报告时应该做到逻辑清晰、重点突出。观察报告一般包含以下内容。

1. 基本信息

基本信息一般包括观察的目的，观察要点，观察的时间、地点，方法，观察者及其角色，观察对象的基本信息如姓名（为保护幼儿隐私，可用代号表示）、月龄、性别等。

---

❶ 施燕、韩春红：《学前儿童行为观察》，99页，上海，华东师范大学出版社，2011。

2. 观察记录

观察记录要求客观真实，不掺杂主观判断，不同的观察目的与方法在观察记录的连续性、完整性、细致性方面有所差异。

3. 分析

该部分是对客观记录的解释。分析幼儿的行为，应依据客观事实，围绕观察目的，并结合相关理论。

4. 建议与反思

根据观察记录与分析制订下一步的支持策略，建议应具有针对性、可操作性。同时，也需要对自身的保教行为、观察行为进行反思。

完整的观察报告可参见模块二、模块五。

▶▶ 四、指导幼儿的行为

在对幼儿的行为进行观察、分析之后，我们会基于观察对幼儿的行为进行支持。根据支持行为发生的时间，可以分为及时指导和延后指导。及时指导是指，在当下的教育情境中，教师针对幼儿的学习与发展做出的决策，以教师观察行为之后的师幼互动为主。延后指导是将幼儿学习与发展的支持整合到后期的课程设计的内容中去，以教师观察行为之后的书面幼儿支持策略的设计为主。如我们根据观察报告中的建议来指导幼儿的行为，便属于延后指导。❶（指导幼儿行为的原则与方式请参阅教材模块四）

依据以上内容我们将学前儿童行为观察与指导的基本思路总结如图 1-11 所示。值得注意的是，这四个步骤并非线性的，而是相互交叉、循环进行的。比如，我们往往不是在收集完所有资料之后统一整理，而是在一次观察之后及时进行整理，在整理资料的时候，我们就会对幼儿的行为进行分析，分析后又会进一步进行观察，补充资料。在实施观察的过程中，有时我们也会根据需要对幼儿进行及时回应，在后续指导的过程中，也需进一步观察，考察指导的有效性。

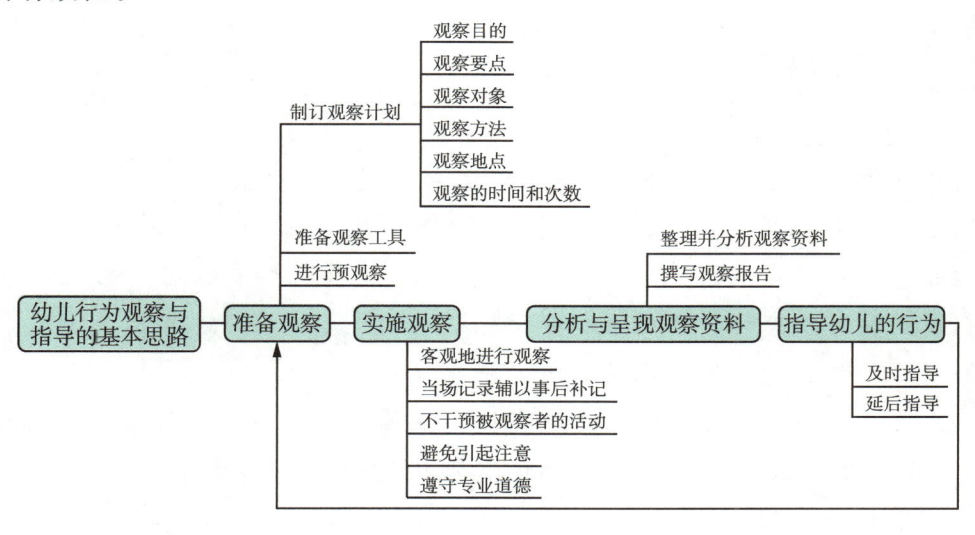

图 1-11 学前儿童行为观察思维导图

---

❶ 刘昆：《幼儿园教师的儿童行为观察与支持素养的提升研究——以 2—5 年教龄的适应期教师为例》，华东师范大学博士学位论文，2019。

小试牛刀

结合本学习任务所讲述的学前儿童行为观察的基本思路,再次以小组为单位去完善本学习任务开始时提到的小组任务,进一步思考原有的小组观察方案如何优化。

云测试:小试牛刀

模块小结

在本模块,我们初步学习了观察是什么,行为是什么,我们为什么要对幼儿的行为进行观察,以及幼儿行为观察与指导的基本思路。在接下来的内容中,我们会对本模块所讨论的问题逐一展开:模块二会具体介绍常见的观察方法,并运用"幼儿行为观察与指导的基本思路";模块三会介绍如何整理观察资料,如何分析幼儿的行为;模块四会介绍如何根据观察指导幼儿的行为,提供幼儿行为指导的原则和常用策略;模块五列举了各类活动和行为中的观察、指导方法,并提供了诸多来自一线教师的案例。大家在学习的时候,可以进行前后对照,并根据自身需求进行拓展阅读。

思考与练习

活学活用

一、客观题

1. 关于观察的理解,下列选项中不正确的是(　　)。

A. 观察是人类认识周围世界的一个最基本的方法

B. 观察不仅是人的感觉器官感知的过程,也是大脑积极思维的过程

C. 观察可以分为日常观察和专业观察

D. 专业观察就是专业人员进行的观察

2. 教师想要了解区角设计的适宜性,在区角活动时,一位教师根据设计好的表格对幼儿区域的选择、活动的开展进行记录。这属于什么观察方法?(　　)(多选)

A. 结构性观察　　　　　　B. 非结构性观察

C. 直接观察　　　　　　　D. 间接观察

云测试:模块一

3. （　　）是一种有控制、系统的观察。观察者事先设计了统一的观察对象和观察标准，对所有的观察对象都使用同样的观察方式和记录规格。

A. 结构性观察　　　　　B. 非结构性观察

C. 直接观察　　　　　　D. 间接观察

4. 观察记录儿童行为的最终目的是（　　）。

A. 观察　　　　　　　　B. 记录

C. 解读幼儿的行为　　　D. 改进教育教学实践，促进幼儿成长

5. 以下不属于专业观察特点的是（　　）。

A. 随机性　　　　　　　B. 基于科学研究

C. 有明确目的和计划　　D. 追求科学、客观

二、主观题

1. 幼儿园教师为什么要观察幼儿的行为？
2. 专业观察与一般观察的区别是什么？
3. 观察的类别有哪些？
4. 专业观察的一般思路是什么样的？

课程实践

采访一名幼儿园老师，了解该幼儿园教师平时如何对幼儿进行观察与记录？采用什么方法？频率如何？教师如何看待行为观察？如何处理已经观察到的信息？在观察中遇到的困难是什么？

模块二 幼儿行为观察的常用方法

模块导入

幼儿园里每天都会发生很多事情，从入园开始，孩子们向老师们问好、与爸爸妈妈告别，选择自己喜欢的区域，会看书、绘画、玩积木……点心时间到了，孩子们要洗手，吃点心，然后到户外钻爬跑跳……有时，孩子们之间会出现争吵、争抢玩具的现象，于是会有孩子来跟你告状。有时孩子们又能很和谐地一起玩，还会相互帮助。这些活动里充满了有价值的观察信息，那么我们在观察这些活动的时候可以采用什么样的方法呢？有没有更加适用于某一些行为的观察方法呢？在本模块，我们会介绍几种在幼儿园常用的观察记录方法，每种方法都有其适用范围、优势与不足，我们可以根据自己的观察目的与条件选取适合的方法。

学习目标

1. 知道幼儿行为观察的常用方法及分类。
2. 掌握日记法、逸事记录法、实况详录法、时间取样法、事件取样法、行为检核法及等级评定法的适用情境、程序及优缺点。
3. 能熟练运用逸事记录法、实况详录法、时间取样法、事件取样法、行为检核法及等级评定法。

学习导航

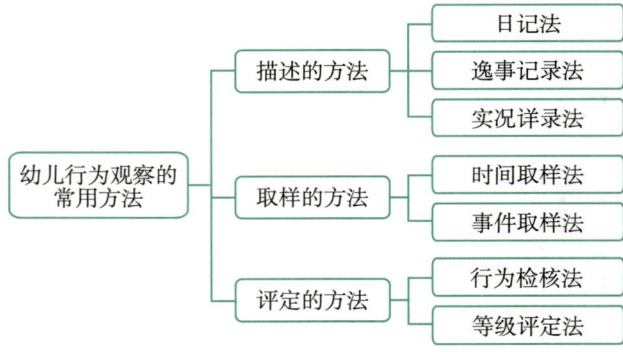

学习任务 2.1 日记法

学习任务单

项目	内容	备注
学习目标	1. 了解日记法的含义与特点 2. 掌握日记法的使用方法 3. 能运用该方法进行观察记录	
学习要点	1. 理解日记法的两种类型：主题式日记、综合性日记 2. 日记法的适用范围和记录内容 3. 日记法的优缺点	
学习时数	1课时	
学习建议	1. 课前：结合平台资源、教材案例进行学习，并提出疑问 2. 课中：带着问题进行讨论，弄清预习中不懂的部分，并尝试操作 3. 课后：根据学习目标反思学习所得，并进行实践	
学习运用	可用于跟踪观察个别幼儿的新行为、新习惯、新技能的形成过程	
学习收获与反思		学习填写

连线职场

王老师是小一班的实习老师。她注意到豆豆是班上年龄最小的孩子，于是以豆豆为观察对象，每天像写日记一样记录豆豆的入园适应情况，看到豆豆一天天地进步，她为豆豆感到高兴。

你认为王老师采用了什么观察记录方式？这种记录方式有什么特点呢？

学习驿站

▶▶ 一、认识日记法 >>>>>>>>

日记法也被称作日记式记录法,是运用日记的形式,对儿童的行为进行观察和记录的方法。它与其他描述方法的区别是,需要对观察对象进行长期的跟踪观察,以日记的方式记录观察对象成长与发展中的行为表现。它强调记录儿童所表现出的**新行为**,如第一次站立、第一次出现电报句等。这些新行为的出现对幼儿的发展具有极其重要的意义,对此进行记录具有重要价值。

值得一提的是,在所有对幼儿进行观察的方法中,日记法是研究幼儿发展最早采用的一种方法。在19世纪末和20世纪初,该法常被用于长期追踪某个幼儿的生活,曾是世界幼儿教育研究的主要方法。

瑞士教育家裴斯泰洛齐在1774年创作了第一部婴儿日记《一个父亲的日记》,生物学家达尔文1876年出版了《一个婴儿的传略》,我国著名的儿童教育家陈鹤琴先生也用日记法,以长子陈一鸣为观察对象,历时808天,写出了《儿童心理之研究》一书。在书中,陈鹤琴有这样一段描述:

第260天

"喜欢跳跃了。"

近来他很喜欢撕纸,这恐怕是他喜欢体验撕纸动作的感觉和听撕纸的声音。

近来他喜欢上下跳跃:你抱他立在膝上,双手扶着他的两肋,并提他一提,他就上下跳跃,以后一抱他立在膝上,他就要跳了。

笑时常露舌尖。

日记法有两种不完全相同的类型。一种是**主题式日记法**。这种方法通常观察记录的是学前儿童发展领域中某个部分的新行为,如认知领域、语言领域、情绪情感领域、社会性领域等。下面的案例是王老师对豆豆入园适应情况的记录。

豆豆入园记

观察对象:豆豆,女,3岁2个月

2020年9月1日,豆豆在爸爸、妈妈的陪同下来到了幼儿园。爸爸、妈妈和豆豆一起将生活用品放好之后,来到了建构区,和豆豆一起玩了起来。豆豆很开心。过了一会儿,爸爸、妈妈要离开了,跟豆豆沟通了一下便起身要走,这时,只见豆豆紧紧抓住妈妈的手,露出了紧张的表情,嘴里嘟囔着:"妈妈不要走!妈妈不要走……"上班时间快到了,尽管豆豆情绪很激动,爸爸、妈妈还是毅然地松开手走了。接下来的一天中,豆豆情绪都不稳定,经常问老师"妈妈几点来接?妈妈怎么还不来?"在保育老师的安抚和陪伴下"熬"

到下午妈妈来接。

2020年9月2日，豆豆和妈妈一起来到幼儿园，今天她似乎知道妈妈会离开，从妈妈抱着她进幼儿园以后，眼眶一直是红的，到了班级也不从妈妈身上下来，紧紧地抱住妈妈的脖子。在妈妈的再三安抚和老师的努力劝说下，豆豆终于答应下来，并哭着再三叮嘱妈妈"要早点来接，要第一个来接"。一整天，豆豆的情绪虽然很紧张，但是偶尔会关注周围的小朋友了，吃饭的时候，在老师的鼓励下，她还当起了大姐姐给旁边的小朋友喂饭。

2020年9月3日，爸爸把豆豆送到了幼儿园，并和豆豆玩了一会儿玩具。其他小朋友接二连三地来了，在爸爸的帮助下，豆豆跟周围的小朋友一起玩了，随后爸爸跟豆豆说了下午会早点来接，并和豆豆抱了一下，说了"再见"，便走了。豆豆看着爸爸远去的背影，追到了门口，停了下来，看着爸爸。过一会儿才回到班里。今天的豆豆跟前两天相比，情绪缓解了很多，愿意参与游戏，并和小朋友有一定的互动。

另一种是**综合性日记法**。它常常被用来记录儿童在各方面发展过程中具有里程碑意义的行为。也就是说，只要是出现新行为，无论是哪一领域的新行为都进行记录。在运用综合性日记法的过程中，观察者要尽可能有次序地记下所有有关新行为出现的事情。下面的示例是一位妈妈对自己宝宝的记录。

示例 ▶▶▶▶▶

2020年1月20日　宝宝今天终于学会翻身了（见图2-1）。
2020年1月22日　宝宝今天被他爸爸逗得哈哈大笑。
2020年2月3日　今天宝宝看着我在吃香蕉，一直想要，我给他舔了一下。
2020年3月2日　宝宝第一次喊"妈妈"。

主题式日记比综合性日记更具有选择性，它着重记录儿童特定发展领域出现的新行为。运用主题式日记时，观察者首先必须判断某个特定的行为是否属于其所关注的主题领域的新行为。如果是，则进行记录。如果不是，则不予记录。

图2-1　第115天宝宝第一次翻身成功

▶▶ 二、运用日记法

（一）选择观察对象

日记法需要对观察对象进行长期的跟踪观察，以日记的方式记录观察对象成长与发展中的行为表现，比较费时费力。因此，在托育机构往往不会对所有幼儿采用日记法的方式进行记录，而只会选择个别需要特别关注的幼儿进行持续观察，如发展迟缓的幼儿、常常出现挑战性行为的幼儿等。

微课：运用日记法

(二)持续跟踪观察并记录

日记法需要观察者对幼儿进行几周、几个月甚至是几年的追踪观察。如果观察者不能保证每天都观察记录，也必须每周几次仔细地观察并在日记中描述、记录幼儿的发展状况。

日记法需要记录的内容主要包括以下方面：

第一，观察对象的年龄、观察时间、观察地点、观察对象所处的环境。

第二，儿童发展、变化和新出现的行为。每次记录的内容应不同于之前的。

第三，观察对象在行动中的细节，如动作、语言、表情等。

(三)分析与呈现观察资料

1. 处理观察资料，分析幼儿的行为

日记法的观察记录是以文字资料为主的记录，通常用质的分析方法，通过反复阅读、简化资料的方式来分析。我们可以通过多则记录分析儿童的行为模式，并依照时间逻辑分析儿童的发展变化。

2. 撰写观察报告

我们以"连线职场"中的案例为例，呈现观察报告(见表2-1)。

表2-1 豆豆的观察报告

观察对象	豆豆　性别：女　年龄：3岁2个月	观察者	王老师
观察时间	9月1—20日	观察方法	日记法
观察目的	观察豆豆的入园适应情况		
观察记录	2020年9月1日，豆豆在爸爸、妈妈的陪同下来到了幼儿园。爸爸、妈妈和豆豆一起将生活用品放好之后，来到了建构区，和豆豆一起玩了起来。豆豆很开心。过了一会儿，爸爸、妈妈要离开了，跟豆豆沟通了一下便起身要走，这时，只见豆豆紧紧抓住妈妈的手，露出了紧张的表情，嘴里嘟囔着："妈妈不要走！妈妈不要走……"上班时间快到了，尽管豆豆情绪很激动，爸爸、妈妈还是毅然地松开手走了。接下来的一天中，豆豆情绪都不稳定，经常问老师"妈妈几点来接？妈妈怎么还不来？"在保育老师的安抚和陪伴下"熬"到下午妈妈来接。 2020年9月2日，豆豆和妈妈一起来到幼儿园，今天她似乎知道妈妈会离开，从妈妈抱着她进幼儿园以后，眼眶一直是红的，到了班级也不从妈妈身上下来，紧紧地抱住妈妈的脖子。在妈妈的再三安抚和老师的努力劝说下，豆豆终于答应下来，并哭着再三叮嘱妈妈"要早点来接，要第一个来接"。一整天，豆豆的情绪虽然很紧张，但是偶尔会关注周围的小朋友了，吃饭的时候，在老师的鼓励下，她还当起了大姐姐给旁边的小朋友喂饭。 2020年9月3日，爸爸把豆豆送到了幼儿园，并和豆豆玩了一会儿玩具。其他小朋友接二连三地来了，在爸爸的帮助下，豆豆跟周围的小朋友一起玩了，随后爸爸跟豆豆说了下午会早点来接，并和豆豆抱了一下，说了"再见"，便走了。豆豆看着爸爸远去的背影，追到了门口，停了下来，看着爸爸。过一会儿才回到班里。今天的豆豆跟前两天相比，情绪缓解了很多，愿意参与游戏，并和小朋友有一定的互动。		

续表

分析与反思	从观察记录中可以发现，豆豆虽然年纪小，但是入园适应的速度还是比较快的，对新环境的适应能力较强。在入园第一天情绪比较激动，后面慢慢缓和，在成人的安抚下能平静下来，第三天开始能逐步融入游戏活动中。9月10日开始，豆豆因为生病的原因请假了一周，回来之后豆豆又出现入园焦虑，不想来幼儿园，但在老师的耐心陪伴下，大约过了三天，情绪又有所好转。 豆豆能这么快适应新的环境除了与豆豆本身的个性有关，也与家庭和教师的引导分不开。首先，家长在入园时能安慰豆豆，与豆豆告别，而不是不告而别，让豆豆有安全感、信任感；其次，当豆豆不愿与父母分开的时候，家长安慰过后仍然坚定离开，给豆豆机会来适应幼儿园；再次，老师能耐心安慰、陪伴豆豆，与豆豆建立关系；最后，老师能创设好玩的环境，开展有趣的活动，让豆豆喜欢幼儿园。

（四）指导幼儿的行为

在对幼儿的行为进行分析之后，教师可以制订相应的教育计划并进行落实。在指导的过程中，教师可以继续采用日记法进行记录，考察指导的有效性，并制订下一步的实施方案。

图2-2为日记法的运用程序，更多运用日记法的观察案例可参见模块五。

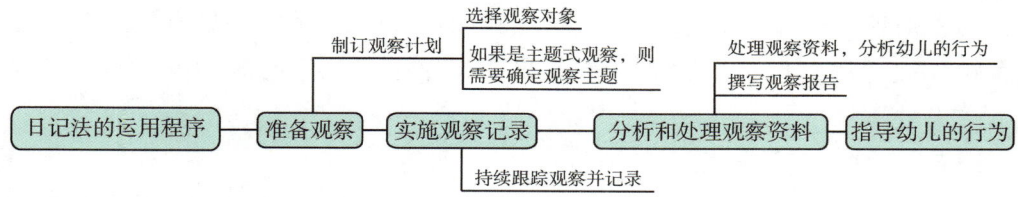

图2-2 日记法的运用程序图

三、评价日记法

（一）优点

1. 具有翔实性

日记法作为描述记录法中的一种，能够将婴幼儿的真实行为表现完整、充分地记录下来。

> 现在是第25天，接近傍晚时，婴儿躺在炉火边祖母的膝上，集中注意地凝视着祖母。我过去坐在旁边，使我的脸能在她的间接视线范围内。她把眼睛转向我的脸，十分专注地凝视着，甚至有一些努力——表现在眉、唇之间轻微的紧张。她的眼睛转向祖母的脸，然后再转向我的脸，如此好几次。最后她将视线移到我的肩上，那儿有灯上照过来的强光，这道光不仅使我的眼睛移开，而且头也向后以便看得更清楚。她注意到了，带着一种新的表情——"一种微弱及基本的渴望"。她不再只是凝视，她真正在看了。

这篇日记并不长，但却有着丰富的内容。事件发生日期：婴儿出生第25天；一天中的时间：接近傍晚；情境：在家中火炉旁；婴儿的身体位置：躺在祖母的膝上；婴儿的情绪状态：满足；婴儿的活动：凝视祖母的脸；还有观察者的行为、婴儿的反应、观察者的结论等。

2. 具有持续性

日记法的持续性是指日记法的记录包括了观察对象行为发生当时的情形，以及后续的行为，显示了其进化的进程，有利于对行为性质的定性分析。例如，通过日记法，可以知道幼儿从不会站立到能独立站立行走的过程。如果没有日记法，虽然我们也会知道幼儿能独立行走的平均年龄，但却无法获知具体的过程。许多父母热衷于观察、研究自己的孩子，从孩子出生起便追踪记录孩子的发展变化，对于孩子来说，一部完整的日记往往就是一部幼儿成长史。

3. 具有永久性

日记法的永久性是指观察记录的幼儿行为的内容不仅当前可用，而且能与被观察幼儿日后的情况，或是和其他的观察资料进行比较，以反映幼儿的发展状况。

4. 具有个别性

日记法通常记录了个体"真实"的典型的行为和行为发展模式，以及行为发生的先后顺序。日记法曾在20世纪20年代以后，因其他更简便方法的出现而较少被运用，但在个案研究方面，还是被很多儿童心理学家推崇的。

(二) 缺点

1. 观察者具有局限性

日记法需要较长期地对观察对象进行观察和记录，需要观察者和观察对象之间保持亲密的关系，并且有长时间的接触，这种接触长达数周、数月，甚至数年的时间。因此它限制了观察者的人选。观察者一般都是幼儿最亲近的人，如家长或亲友。由于日记法需要观察者对幼儿有持续性的记录，较为费时，因此，日记法常常被家长采用，在托幼机构中较少被运用。

2. 观察样本缺乏普遍性

由于日记法对观察者的限制性，一般观察者都因条件限制不得不将特定的幼儿作为观察对象，如研究者的孩子。但不容忽视的是，这些家长本身都是受过良好教育的，因此样本缺乏代表性，观察的结论也就失之偏颇。同时，由于样本过少，也缺乏普遍性，不能进行推广。另外，父母或亲友与幼儿的亲密关系，也会影响观察记录的真实性和客观性。

> **议一议**
>
> 请扫码观看议一议资料，说一说你读了陈鹤琴先生的观察记录之后的体会。

文本：陈鹤琴对其长子陈一鸣的观察记录（节选）

学习任务 2.2　逸事记录法

学习任务单

项目	内容	备注
学习目标	1. 了解逸事记录法的含义与特点 2. 掌握逸事记录法的使用方法 3. 能运用该方法进行观察记录	
学习要点	1. 了解逸事记录法的适用情境 2. 掌握逸事记录的记录要求 3. 理解记录的客观性 4. 逸事记录法的优缺点	
学习时数	2课时	
学习建议	1. 课前：结合平台资源、教材案例进行学习，并提出疑问 2. 课中：带着问题进行讨论，弄清预习中不懂的部分，并尝试操作 3. 课后：根据学习目标反思学习所得，并进行实践	
学习运用	可用于记录幼儿显著的新行为，突然发生的典型行为或异常行为，也可用于记录观察者认为有价值、有意义的任何可表现幼儿个性或某方面发展的行为	
学习收获与反思		学生填写

连线职场

天上有个衣服

观察对象：乐乐，女，3岁3个月

今天上午，我们班的户外游戏场地是足球场。小朋友们来到足球场后很兴奋，有的爬到毛毛虫上面骑着，有的在踢足球，有的在足球场上奔跑……我站在足球场上看着他们快乐地玩耍。突然，乐乐走到我身旁，对我说："有个衣服。"我问："什么衣服？哪里有衣服？"她指着天空对我说："你看，天上有个衣服。"于是，我朝着乐乐手指的方向，仔仔细细、认认真真地看了看，原来她要跟我说的是"天空中那片白云的形状像衣服（长袖上衣）"。

当乐乐突然跟我说天上有个衣服的时候，我瞬间懵了，感到很莫名其妙。但我特别想知道此时此刻的她为什么要跟我说这个。当她说天上有衣服的时候，我还没能反应过来，觉得很惊讶，心想天上怎么会有衣服呢，又想这么小的孩子肯定不会骗我吧，这句话肯定不是随便说出来的。当我抬头看天空的时候，我瞬间明白了。此刻的我，惊讶于乐乐对周围环境的感受力，惊讶于她的观察力，惊讶于她对形状的感知力！这无疑是乐乐的"哇"时刻！

上述观察记录运用了怎样的观察方法？与日记法相比，这种观察方法有什么不同？

学习驿站

▶▶ 一、认识逸事记录法 >>>>>>>>

微课：认识逸事记录法

"逸事"指独特的事件，也可以是观察者非常感兴趣的、有意义的事件。故逸事记录法就是观察者将自己感兴趣的，并且认为是有价值的、有意义的幼儿行为和反应，以及可表现幼儿个性的行为事件，用叙述的语言随时记录下来，以用来分析幼儿的行为。换言之，它既可用于记录幼儿显著的新行为，突然发生的典型行为或异常行为，也可以用于记录观察者认为有价值、有意义的任何可表现幼儿个性或某方面发展的行为。

逸事记录与日记法一样，都是采用文字描述的方式进行记录。不同的是，逸事记录不局限于新行为，不要求对观察对象进行连续跟踪观察，不受观察时间、地点的限制，属于一种点状观察，运用简单。所以它是教师最常用的一种观察法。

根据观察前是否有计划、成系统，逸事记录分为有计划的观察和随机观察。有计划的观察是指观察者事先计划好观察目的、观察对象、观察情境等信息，按照计划进行观察。而随机观察则是没有预定计划，在一日生活中遇到感兴趣或有意义的行为，便进行记录，如图2-3。

图2-3 3岁半的幼儿搭建城堡

▶▶ 二、运用逸事记录法 >>>>>>>>

微课：运用逸事记录法

（一）选择观察事件

逸事记录的事件往往没有太多限制，凡是观察者认为感兴趣、有意义的事件均可以记录。可以选择记录幼儿一些反常的行为、第一次出现的行为、特殊的行为、典型的行为等。

（二）客观记录

1. 记录的内容

（1）记录观察的基本的信息，如观察对象姓名（代号）、年龄（写到月龄）、观察时间、地点等。

（2）记录事件的经过，要求观察者清晰记录行为发生的顺序，力求客观、准确和完整。

（3）根据需要记录行为的细节信息，如观察对象的语言、动作、表情、情绪的变化等。

2. 记录的方法和技巧

逸事记录看起来虽简单，但要能让记录有价值且能说明问题，也并非易

学习笔记

事。因为逸事记录法是对特定事件即时、准确和具体的描述，故其运用需要注意以下几点：

（1）尽量现场记录。逸事记录要求观察者记录的必须是本人亲眼看到的行为或逸事，而非道听途说。应尽量在事件或行为刚发生时将主要观察对象的行为和言语，以及活动背景、情境等记录下来，以免遗忘重要信息。

（2）快速记录，及时补充。逸事记录具有随机性，观察者一旦"遇到"想要记录的内容，便要进行快速记录。观察者既要观察又要记录，有时无法兼顾，可参考以下技巧：

①随时准备好纸、笔、便条，以便需要时能随手拿到。
②记录文字简洁，可以采用关键词、符号、图式的方式。
③运用照片、视频等方式进行辅助。
④事后及时补记。当场记录的内容往往比较简洁，我们需要在事后及时抽空将记录补写完整。

（3）记录要求客观。要求观察者用描述性的语言记录，如实反映观察情况，不可加入主观解释或判断。描述性语言和解释性语言的区分可以参见表2-2。如果我们需要对行为进行解释，需要将客观记录与解释分开，如表2-3所示。

表2-2 解释性语言和描述性语言的区别

解释性语言	描述性语言
他经常……	他每天有5~6次……
他很快……	他用了一分钟……
他喜欢……	他选择了……
他总是想要……	他说："我想要……"
他很享受……	他躺在垫子上，闭着眼睛，微微笑着……
我觉得……	每周有一两次，他会……

表2-3 F和A的逸事记录

观察时间： 2018年4月18日 8:20	观察地点： 小(1)班	记录者： 高老师
观察对象：F	涉及的其他儿童：A	观察目的：F和A的社会性发展
记录：A在把东西放到她的小柜子里后迅速来到美术区，她喊F过去和她一起玩。F走过去站在A旁边，看着她拿起一支马克笔。F笑着接过马克笔，A又拿起一支，两个人一起。		
解释/反思：F在开始之前会有点犹豫，即使同伴对他有明显的邀请也这样。他看起来比较谨慎，但还是会很开心地和同伴一起玩，通常他对同伴都有比较积极的回应。A能主动发起交往，并做出积极的回应。		

云测试：做一做

做一做

观察记录：

在集体活动中，我看到可可在座位上一动不动，于是问他："你怎么了？"可可害羞地低下了头，脸涨得通红。

请区别材料中的客观描述和主观解释，并对观察记录进行修改。

客观描述：_____

主观解释：_____

学习笔记

(三) 分析与呈现观察资料

1. 处理观察资料，分析幼儿的行为

与日记法一样，逸事记录法的观察记录也是以文字资料为主，通常用质的分析方法，通过反复阅读、简化资料的方式来分析。我们结合儿童发展理论以及影响幼儿行为的因素，如家庭环境、幼儿的个性特征等对幼儿的行为进行深入剖析。同时，我们也可以与幼儿分享观察记录，一起重温活动过程。

2. 撰写观察报告

完整的观察报告一般分为观察的基本信息、客观记录、分析和反思及指导建议或下一步计划，参见表2-4，更多案例可参见模块五。

表2-4 F和A的逸事记录

观察时间： 2018年4月18日 8:20	观察地点： 小(1)班	记录者： 高老师
观察对象：F	涉及的其他儿童：A	观察目的：F和A的社会性发展
记录：A在把东西放到她的小柜子里后迅速来到美术区，她喊F过去和她一起玩。F走过去站在A旁边，看着她拿起一支马克笔。F笑着接过马克笔，A又拿起一支，两个人一起开始画画了。		
解释/反思：F在开始之前会有点犹豫，即使同伴对他有明显的邀请也这样。他看起来比较谨慎，但还是会很开心地和同伴一起玩，通常他对同伴都有比较积极的回应。A能主动发起交往，并做出积极的回应。		
下一步计划： 创造机会，让F多与主动交往的同伴一起玩耍。		

(四) 指导幼儿的行为

教师根据观察报告中的计划进行落实，在指导的过程中，教师可以继续进行观察记录，考察指导的有效性，并制订下一步的实施方案。

图2-4为逸事记录法的运用流程，更多逸事记录法的案例可参见模块五。

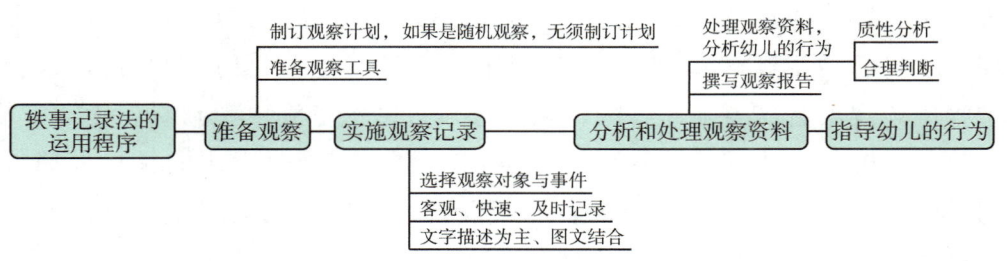

图 2-4　逸事记录法的运用流程图

▶▶ 三、评价逸事记录法 ▶▶▶▶▶▶▶

（一）优点

第一，简单、方便、灵活。逸事记录法通常无须编制观察记录表格，也不需要特地安排情境、范围或事件，当事情发生了，教师就可以随时随地进行记录。因此，它是托幼机构教师最常用的一种观察方法。

第二，可为教师提供了解幼儿行为的详细资料，帮助教师了解幼儿的个性特征，了解他们的成长和发展。因为逸事记录法可提供幼儿行为发生的前后关系，说明行为的背景及情境。

第三，观察记录可长期保存，方便传阅。当幼儿升入高一年龄班时，可传给接任的教师继续进行记录，或者为后来教师提供有关幼儿先前发展情况的信息资料。

（二）缺点

第一，容易受主观偏见影响或事后补记影响记录的真实性。这些偏见包括教师的好恶，以及对各年龄段幼儿身心发展特点的把握程度。有时候，逸事记录并不是在事件发生的当时就记录下来的，往往进行事后补记。受观察者记忆误差或本身的主观倾向性的影响，这种事后补记往往会带有一些偏差。

🔗 **示例** ▶▶▶▶▶▶

> 劳拉坐在房间的地毯上，在一面镜子前。她正在玩从"宝物篮"里拿出来的木质玩具。镜子里的人像吸引了她的注意力，劳拉开始追随着镜子里的人像左右摇动。她伸展了一下右手，接着又伸展了一下左手。她一定感到心满意足，因为她对着镜子里的自己微笑，并且咿咿呀呀地、惊呼着跟自己讲话："咦！叭！"后来，劳拉妈妈也证实，劳拉在家时，如果遇到吃惊的事情，也会发出这样的惊呼。
>
> ——艾薇塔

上述示例❶中艾薇塔观察并记录了劳拉突然出现的新行为，她与镜子中的人像互动，这对于研究劳拉的心理发展阶段具有重要价值，这可能是她开

---

❶ ［美］卡洛琳·爱德华兹、［意］卡利那·里那第：《劳拉日记：瑞吉欧教育日记展评》，栗高燕、任丽欣译，39 页，南京，南京师范大学出版社，2016。

始关注主、客体的有意义的行为。但是在观察、记录的过程中，教师无意识地加入了自己的主观解释——"她一定感到心满意足"，可见，在运用观察法的过程中，观察者需要随时警醒，以免带入过多的个人主观判断。

第二，容易造成理解的偏差。逸事记录法在记录时运用的是比较简练的语句，同样的语言文字对于记录者和阅读者来说，可能会产生不同的作用效果，可能会导致对幼儿行为的误判。

小试牛刀

请扫码观看视频"要棍子"，运用逸事记录法进行观察记录。

云测试：小试牛刀

视频：要棍子

学习任务 2.3 实况详录法

学习任务单

项目	内容	备注
学习目标	1. 了解实况详录法的含义与特点 2. 掌握实况详录法的使用方法 3. 能运用该方法进行观察记录	
学习要点	1. 了解实况详录法的运用情境 2. 掌握实况详录法的记录要求 3. 理解实况详录法与逸事记录法的区别 4. 实况详录法的优缺点	
学习时数	1课时	
学习建议	1. 课前：结合平台资源、教材案例进行学习，并提出疑问 2. 课中：带着问题进行讨论，弄清预习中不懂的部分，并尝试操作 3. 课后：根据学习目标反思学习所得，并进行实践	
学习运用	可用于记录幼儿显著的新行为，突然发生的典型行为或异常行为，也可用于记录观察者认为有价值、有意义的任何可表现儿童个性或某方面发展的行为	
学习收获与反思		学生填写

连线职场

小锦从筐子里拿出一根红色的绳子、一个蓝色的圆球。他右手拿着圆球，左手拿着绳子，看了一下球孔，用大拇指和食指捏住绳子的一端，把绳子往球孔里面塞。这时老师在和其他小朋友说话，他边穿绳子边转过身去看。小锦把绳子穿进球孔，左手拿住小球，右手从另一边的球孔把绳子都拽了出来。小锦再次捏住绳子转身到桌子上穿绳。对面的芊芊拿着一根紫色的绳对心心说："你要老师帮我这个打一个结。"小锦看了一眼芊芊的串珠，重新用绳子的另一端(有一个绳结，但是比孔要小)开始穿绳，他把球孔朝上，眼睛盯着球孔，从上往下穿绳，绳子结穿进了孔，但没有从另一头出来。

以上对话记载了幼儿用绳子穿圆球的过程，这又属于什么观察方法呢？有怎样的特点？

_____
_____

学习驿站

▶▶ 一、认识实况详录法 >>>>>>>>

微课：认识实况详录法

实况详录法是从日记法和逸事记录法中引发出来的。日记法和逸事记录法是比较早期的观察记录的方法，被广泛使用以后，人们既看到了这些方法的可用之处，但也越来越感到这些方法的不适宜性，于是出现了一些其他的观察方法，其中被经常使用的就是实况详录法。

实况详录法要求观察者在一段时间内（如一小时或半天，甚至更长的时间内）连续不断地、尽可能地记录被观察对象所有的行为动作表现，然后进行分析的一种方法。实况详录法记录的内容包括被观察者本身或被观察者与他人互动时所做的每一件事和所说的每一句话，以及被观察者所处的背景、环境场所等。在运用实况详录法的过程中，观察者忠实地按照时间顺序来进行记录，以进行客观的、毫无主观推测的记录。

与日记法比较，实况详录法不要求对观察对象进行持续的、长期的观察，只要求将某一时间段中发生的完整事件描述清楚。与逸事记录法相比，实况详录法强调观察记录持续、不间断，而逸事记录法具有一定的选择性，是从完整事件中抽取目标行为。因此，实况详录法比逸事记录法更加翔实。

▶▶ 二、运用实况详录法 >>>>>>>>

微课：运用实况详录法

（一）选择观察对象和场景

实况详录法需要对观察对象进行详细的记录，需要花费较多的时间和精力。因此，一般会选择想要深入了解的对象和情境。实况详录法最好用于观察、记录**熟悉情境中**的对象，以便研究者深入地开展研究，进一步了解行为事件的原因、过程和可能的结果。❶ 因为如果一切都很陌生，势必要花费时间和精力来熟悉环境，只有在熟悉环境后，才可能去关注到更多的细节内容。且如果对环境陌生，即使记录下观察内容，事后也可能会不知道记录的是什么了。

（二）客观记录

实况详录法与日记法、逸事记录法均属于描述的方法，因此在记录方面的注意事项有诸多相似之处，如记录要客观真实、记录事件的来龙去脉等。但与其他两种记录方式不同的是，实况详录法的记录是持续的、不间断的、非常翔实的。因此，在运用的过程中还需要注意以下几点：

（1）一般作为非参与者在现场进行记录。由于实况详录法需要持续不断地记录，观察者很难一边记录，一边参与幼儿的活动，回应幼儿的行为。

---

❶ 邱学青：《学前教育观察法》，32 页，北京，高等教育出版社，2020。

(2)尽可能详细地进行记录，所获取的资料以未经加工的原始形态呈现，包括对行为的描述、对事件发生的先后顺序和背景的记录。

(3)可以借助摄像机、录音笔等弥补人工记录的不足。

表2-5观察记录部分呈现了教师对小锦(3岁3个月)活动过程的记录，右侧是教师拍摄的视频资料片段，可对照着观看。❶

视频：3岁幼儿"穿绳活动"

(三)分析与呈现观察资料

1. 处理观察资料，分析幼儿的行为

实况详录法的分析方式和呈现方式与逸事记录法有诸多相似的地方，在此不再赘述。但是不同的是，由于实况详录法是不加选择地进行持续的、详细的记录，所以在分析时观察者可以从不同的角度对幼儿的行为进行解读。吕老师主要从幼儿的精细动作发展、语言能力、假想游戏以及专注力等角度对小锦进行了分析，见表2-5。

2. 撰写观察报告

以下为吕老师撰写的观察记录，更多案例参见模块五。

表2-5 小班幼儿穿绳活动

观察日期	2021年9月9日	观察时间	8:40—8:55
儿童姓名	小锦	儿童年龄	3岁3个月
观察环境	小班教室，儿童可以自由选择桌面游戏材料。"穿绳"游戏材料在最靠近班级门口的桌子上。用来穿绳的带孔积木有不同的形状，直径两三厘米，部分绳子一端打了结。		
观察记录	小锦从筐子里拿出一根红色的绳子、一个蓝色的球形积木。他右手拿着积木，左手拿着绳子，看了一下小孔，用大拇指和食指捏住绳子的一端，把绳子往小孔里面塞。这时老师在和其他小朋友说话，他边穿绳子边转过身去看。小锦把绳子穿进小孔，左手拿住球形积木，右手从另一边的小孔把绳子都拽了出来。小锦再次捏住绳子转身到桌子上穿绳。对面的芊芊拿着一根紫色的绳对心心说："你要老师帮我这个打一个结。"小锦听到后，重新用绳子的另一端(有一个绳结，但是比孔要小)开始穿绳。他把小孔朝上，眼睛盯着小孔，从上往下穿绳，绳子结穿进了孔，但没有从另一端出来。 小锦摇了摇这颗球形积木，绳子掉下来。小锦又从筐里拿出一个红色六棱柱积木。小锦看了一下红色六棱柱积木的孔，便把蓝色球形积木到桌上。他把绳子穿进六棱柱积木中间后，又拿起一个红色球形积木，用大拇指和食指不停地把绳子往孔里塞，终于把红色球形积木也穿进了绳子。小锦两只手拽着绳子的一端往上拉，红色球形积木和六棱柱积木从绳子另一端出来，红色球形积木掉到了地上。小锦发出"呜"的一声，蹲下去把红色球形积木捡了起来。一只手拿着红色球形积木和六棱柱积木，另一只手往红色球形积木里穿绳。绳子滑落到地上。他蹲下身去捡绳子："绳子怎么还会掉呢?"他拿起红色六棱柱积木穿孔的时候，说："永远会掉!" 小锦把红色六棱柱、红色球形积木串上，穿好后将一端的绳子拉出来一些，另一端留了10厘米长；在穿蓝色球形积木的时候，芊芊对他说："你要穿一条蛇?"小锦说："是项链。"小锦把蓝色球形积木串进去，左手一拉，三颗积木都到了绳子底部，小锦又穿了一个蓝色球形积木，刚穿进去，那三颗积木从另一端掉出去了，小锦懊恼地说："又掉出来了。"小锦拿起一起红色的积木，自言自语："我要穿红色的。"		

---

❶ 案例来源：吕昱瑾 杭州市滨江区钱江湾幼儿园。

续表

观察记录	小锦穿完红色球形积木之后，又穿蓝色球。右手的大拇指和食指往孔里塞绳，又看了看另一端的孔，左手往外"掏绳"。小锦掏了几次没有掏出来，换了绳子另一端开始穿，自言自语："这是项链。"瞳瞳走过来说："我也会玩这个。"小锦看了看她没有说话，瞳瞳便走开了。绳子刚穿进去，就掉了下来。 　　小锦把红色的绳子放进筐里，重新拿了一根打结的绿色的绳子（这根绳子的结比较大）。这一次，他穿绳很快，两三分钟就穿好了十几个。他一边用手点着积木，一边说："蓝色、黄色、蓝色、红色、黄色、黄色、红色……"说完后，小锦把绳子的两端放在一起，说："要搬走了。"于是就用左手拴着绳子两端，开心地边走边说："卖串串喽！卖串串喽！"
观察分析	穿绳活动是培养幼儿精细动作的一种常用方法。小锦在穿绳过程中能灵活利用大拇指和食指抓握绳子，能两手配合成功地将绳子穿进不同形状积木的孔眼。这表明小锦的手部小肌肉群发展良好，具有良好的抓握能力和手眼协调能力。 　　一开始由于绳子没有打结，小锦遇到积木总会掉出来的问题。听了芊芊的话，小锦有所启发，用另一端有绳结的绳子穿积木。但是绳结比积木的孔洞小，积木还是会掉出来。小锦经过几次尝试失败后，就又换了一根绳子，这次绳子的绳结比较大，小锦成功了，但是小锦是否清楚成功的原因不得而知。 　　小锦在穿绳过程中能用简单的词汇、句子表达自己的感受。语言有意义且没有语法错误，如"这是项链"等。这些语言大多是自我中心语言，没有指向他人的语言。小锦能够识别蓝色、红色、黄色等不同的颜色，在匹配实物的过程中，能通过语言进行正确的表达。 　　幼儿在4岁以前，想象性的游戏可以维持很长的一段时间。小锦在穿绳过程中，想象自己做的是一条"项链"。最后在穿绳成功后，能够分享自己成功的喜悦；进行假装游戏，把串好的积木当作"串串"，进行"卖串串"的假想活动，显示出一定的想象力。 　　在整个观察过程中，小锦能够比较专注地穿绳，与同伴之间交流较少；注意力虽然偶尔会被周围其他人的行为吸引，但能够很快地转移到穿绳活动上来，具备一定的专注力。
支持策略	1. 师幼互动 　　教师可以通过询问小锦或者请小锦介绍游戏过程的方式了解积木是否已经了解珠子总是掉落的原因。 　　2. 调整活动材料 　　小班幼儿大多都不具备给绳子打结的能力，绳子的结比孔小给小锦穿绳造成困难。因此，在材料准备上，教师可以投放不同的绳子，有些已经打好结，有些没有打结，有些积木的孔大，有些积木的孔小。一方面，方便幼儿探索，通过对比发现孔与结大小的关系；另一方面，能力较强的幼儿可以挑战给绳子打结。 　　3. 增加穿绳模式 　　小锦串好的积木没有任何规律。教师可以丰富穿绳的方式。比如，按颜色排列，一个红色、一个蓝色、一个红色、一个蓝色、一个红色、一个蓝色……按形状排列，一个球、一个六棱柱、一个球、一个六棱柱……发展小锦按一定的规律串积木的能力，使其初步具备模式概念，同时也增加了穿绳活动的多样性、趣味性。 　　4. 提供想象机会 　　教师可以加入小锦的"卖串串"假想游戏。向小锦提问："你卖的串串是什么口味的？""你的串串卖多少钱？"……延伸假想游戏的情境。 　　5. 开展多种活动促进精细动作发展 　　小锦的手部精细动作能力发展良好。教师可以鼓励他继续参加其他有助于增强手指技能（精细动作技能）的活动，丰富活动类型。比如，进行指偶活动、搭建活动、拼装活动，使其手部小肌肉得到持续的锻炼。 　　6. 持续观察、聚焦重点 　　观察小锦在穿绳活动中的表现，进一步了解小锦是否理解孔与绳结大小的关系；观察小锦的语言和社会性的发展。

(四)指导幼儿的行为

教师可以根据对幼儿行为的分析,通过多种途径支持幼儿的发展,落实支持策略,并在落实的过程中继续观察幼儿的行为。在上述案例中,吕老师在接下来的活动中会通过师幼互动、调整串珠的材料、增加穿绳模式等方式支持小锦的发展,并继续观察小锦的精细动作和语言发展。

图 2-5 为实况详录法的运用流程。

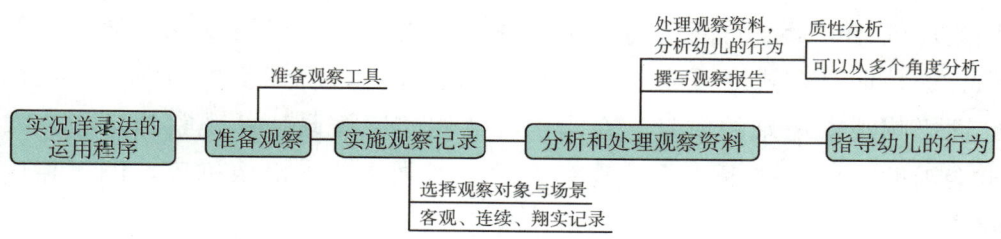

图 2-5　实况详录法的运用流程图

做一做

请运用实况详录法,观察记录从现在开始三分钟内教室里发生的所有情况。谈一谈你对使用这种观察方法的感受。

三、评价实况详录法

(一)优点

1. 可随时记录,操作方便

实况详录法在很多情况下都可以使用,不需要事先预备观察表格、符号记录表或其他的工具,不需要事先计划,只要情境适合,随时都可做记录。实况详录法使用起来比较简单,除了需要详细记录外,相对于其他一些观察方法,并没有特别难以掌握的技巧,故不需要进行长时间的训练。

2. 记录完整翔实,可以永久保留

实况详录法获得的观察资料十分翔实,对幼儿的一言一行以及事件发生的情境都有十分详细的描述,可以最大限度还原事件的原貌,帮助观察者深入了解幼儿的行为,且能反复回顾。

3. 资料用途广泛,经济实用

由于实况详录法是不加选择地持续地、详尽地记录,因此,观察者可被反复用于多种目的的研究,从不同角度分析幼儿的行为,十分经济。

(二)缺点

1. 耗时、费力

实况详录法需要详尽记录，包括被观察者的每一个动作、表情、语言等都要毫无省略地记录下来，因此，观察者会耗费很多精力和时间。如果观察者要立即获取被观察者具有代表性的行为，这种观察法是很没有效率的。如前所述，实况详录法虽然对观察的技术没有很高的要求，但是它需要记录者能快速地进行记录。而到目前为止，观察者仍然比较多地以人工的方式进行记录。这种记录方式对观察者的注意力要求较高，观察者极易疲惫，往往会因此而影响观察记录的质量。在当前，使用实况详录法的观察活动中，教师通常会辅助采用一些现代化的观察设备，如录音笔、摄像机等，以提高记录的效果。

2. 对观察者的观察能力和文字表达能力有一定要求

如何恰到好处地对观察到的行为进行描述以使阅读者身临其境，不会产生歧义或误解？这往往是教师在刚开始使用实况详录法时面临的一个难题。

3. 资料处理烦琐

实况详录法翔实地记录了情境中所发生的一切，在保证了资料全面、丰富的同时，也带来了资料处理过程工作量大的问题。

小试牛刀 ▶▶▶▶▶▶

请扫码观看视频"要棍子"，请运用实况详录法进行记录，谈一谈逸事记录法与实况详录法的区别。

视频：要棍子

云测试：小试牛刀

学习任务2.4 时间取样法

学习任务单

项目	内容	备注
学习目标	1. 了解时间取样法的含义与特点 2. 掌握时间取样法的使用程序 3. 能设计观察表，并运用该方法进行观察记录	
学习要点	1. 理解时间取样法的适用情境 2. 了解时间取样法的优点和不足 3. 能根据观察目的界定目标行为 4. 能根据观察目的设定观察时距、间隔与数目，并设计观察表格 5. 能根据观察计划实施时间取样法 6. 尝试用量化、质性结合的方式对资料进行分析	
学习时数	1课时	
学习建议	1. 课前：结合平台资源、教材案例进行学习，并提出疑问 2. 课中：带着问题进行讨论，弄清预习中不懂的部分，并尝试操作 3. 课后：根据学习目标反思学习所得，并进行实践	
学习运用	可用于观察频率高、外显的行为，了解行为发生的频率、持续时间等	
学习收获与反思		学生填写

连线职场

大一班的徐老师最近有些烦恼，她总感觉集体教育活动的时候很多幼儿注意力不集中，有些吵闹，但是她也不清楚究竟是哪些幼儿不专注，幼儿注意力不集中的频率高不高。她想关注每名幼儿的专注情况，但是又无法同时关注到这么多幼儿，也没有时间对每名幼儿进行个别化的持续观察。你可以帮徐老师想想办法吗？

微课：认识时间取样法

取样观察：

在幼儿园里，幼儿的行为每时每刻都会发生，教师不可能一整天无间断地进行记录，于是采用抽样的方式，选取特定时间段或特定行为进行观察与记录，这就是取样的方法。根据抽取样本的不同，取样观察分为时间取样法与事件取样法。

微课：时间取样法中的观察准备

图 2-6　幼儿集体教学活动
（资料来源：三桥幼儿园）

学习驿站

▶▶ 一、认识时间取样法 >>>>>>>

时间取样法是在预先确定的时间间隔内观察目标行为，并记录目标行为是否发生、发生的频率及持续时间等信息，借以了解行为模式的一种方法。在时间取样中需要同时关注幼儿行为流中的两个不同的样本：(1)发生在特定的时间段内；(2)特定的目标行为。

与描述性观察方法不同，时间取样法不需要详尽地描述、记录幼儿的行为表现，也不关注事件发生的具体过程和因果关系。而只需关注目标行为在取样时间内是否出现、出现频次和持续时间，获取量化信息，对行为模式进行定量分析和定性推断。因此，时间取样法适用于频繁出现，且外显、可测量的行为，观察者想要了解该行为是否发生及发生频率，比如集体教学活动中的专注力、幼儿经常吮吸手指的行为等。

▶▶ 二、运用时间取样法 >>>>>>>

时间取样法是一种结构化的观察方法，要求观察者事先做好观察准备，并按照一定程序实施观察。下面以"连线职场"中的案例为例逐一对这些观察步骤做具体说明。❶

（一）进行观察准备

1. 确定观察目的

徐老师本次观察的目的是，观察幼儿在集体教育活动（见图 2-6）中不专心的行为，以采取措施进行改善。

2. 制订观察计划

第一步，确定观察对象。

根据观察目的，可以选取一名或多名幼儿。徐老师想要了解每位幼儿在集体活动中是否专注，因此其观察对象是全班 30 名幼儿，她按照学号将 30 名幼儿编号为①～㉚。

第二步，界定目标行为及行为类别。

每个人对于目标行为的理解不一样，比如要观察幼儿进餐的行为，有些人认为幼儿吃的过程才是进餐行为，有些则认为从进餐准备到进餐结束收拾完餐桌才算一整个进餐行为。如果不对具体的行为进行明确界定，会使观察者在观察时对目标行为概念模糊、不知所措，在多人观察的情况下就会标准不一。因此，将模糊、抽象的行为界定为具体、明确、可以直接判断的操作性定义十分重要。

---

❶ 该案例部分参考了蔡春美等所著的《幼儿行为观察与记录(第二版)》。

对于目标行为的界定我们常常会依据已有的相关理论，或者根据观察目标对已有理论进行修改。徐老师的观察目标是集体教学活动中幼儿的不专注行为。"专注"也叫专心，在专注的状态下，人的意识高度集中在注意的对象上，而对其他的事物视而不见，表现出很强的抗干扰性。根据"专注"的定义及徐老师的观察目的，徐老师将"不专注的行为"定义为"幼儿从事与主题无关的活动"。

除了对目标行为进行界定之外，我们还需要对目标行为进行分类。经徐老师的观察，幼儿在集体教学活动中从事的与主题无关的活动主要表现为东张西望、发呆、离开座位、和其他幼儿聊天或打闹、玩手和衣服等，于是将幼儿不专注的行为分为离开座位的活动与在座位上的活动，在座位上的活动又分为东张西望、发呆、和其他幼儿聊天或打闹、玩手和衣服四类。在分类时，既需要覆盖所有类型的行为，又需要保证各个类别之间互相排斥。有时我们也需要对各个类别分别进行定义，如小资料中帕顿对幼儿游戏中社会性行为的类别进行的操作性定义，见表2-6。帕顿对幼儿在游戏中的社会参与程度的研究也是运用时间取样法的典型研究。

小资料

表 2-6　幼儿在游戏中的社会性行为类别的操作性定义

类型	操作性定义
无所事事	幼儿未做任何游戏活动，也没与他人交往，只是随意观望，或走来走去、东张西望
旁观	观看别的幼儿游戏，有时凑上来与正在游戏的幼儿说话、提问题、出主意，但自己不直接参与游戏
单独游戏	幼儿独自游戏，只专注于自己的活动，根本不注意别人在干什么
平行游戏	独自在同伴旁边玩相同的游戏，但互不干涉、互不影响
联合游戏	幼儿能在一起玩同样的或类似的游戏，互相追随，分享玩具，但没有组织和分工，每人做自己想做的事情
合作游戏	幼儿为某种目的组织在一起游戏，有领导、有组织、有分工，每个幼儿承担一定的角色任务，并互相帮助

第三步，设定观察时间。

观察时间的设定需要依据观察目的，包括设定观察时距（每次观察时间的长度）、时距间隔（每次观察的间隔时间）和时距数目（总共观察次数）。

（1）观察时距。

观察时距是指每次观察时间的长度，其中包含了观察时间和记录时间。如观察时距为1分钟，可以设定20秒观察，40秒记录。设定观察时距是为了能通过在固定的时间间隔内观察记录儿童具有代表性的行为样本，分析儿童行为模式特点。

观察时距的长短与目标行为出现的频次与持续时间有关，幼儿的有些行为出现的频率比较高，持续时间短，可以将观察时距设定得短一些，如吸手指等。有些幼儿的行为出现频率不高，且持续时间长，就可以将观察时距设定得长一些，如合作行为等。然而，时距过长会容易出现两种以上行为类别的可能，也会影响资料收集工作的效率，而时距过短可能导致观察目标过度膨胀。具体要如何设置观察时距，应根据观察的目的、观察对象的数量、被观察行为的持续时间、记录的繁易程度以及观察者的精力投入情况来决定。

(2) 时距间隔。

时距间隔指的是两次观察之间的间隔时间。时距间隔的长短受观察时距的长短、观察对象的数量及记录方式等因素影响。

时间取样法按照不同的取样时间间隔方式，可以分为**规律性时间取样**与**随机性时间取样**。规律性时间取样选取的时间样本间隔固定，如每五分钟观察一次。随机性时间取样选取的时间样本间隔是没有规律的，观察者在选取的时间段里随机确定时间进行观察记录，每次观察时距相同。

(3) 时距数目。

时距数目是指整个观察过程中观察时距的数量，即总共观察的次数。一般来说，一个行为的出现以观察 20~30 次最为适当，观察 20~30 次之后，略可了解该行为的模式，借以推论分析，进而提出辅导策略。❶

针对幼儿在集体教学活动中的"不专注行为"，时间可以设定如下：

(1) 观察时距：每次观察每个幼儿 10 秒，其中 7 秒观察，3 秒记录。

(2) 时距间隔：每一轮之间间隔 1 分钟。

(3) 时距数目：选取了一周 5 天上午的集体教学活动时间，每次 4 轮，一共 20 次。

云测试：做一做

做一做

下表体现出的观察时距、时距间隔、时距数目分别是多少？

观察时间	观察日期
	2017 年 5 月 8 日
9:00—9:03	
9:10—9:13	
9:20—9:23	
9:30—9:33	
9:40—9:43	
9:50—9:53	
10:00—10:03	

(1) 观察时距_____

(2) 时距间隔_____

(3) 时距数目_____

---

❶ 蔡春美、洪福财等：《幼儿行为观察与记录（第二版）》，58 页，上海，华东师范大学出版社，2020。

第四步，确定记录方式，制作观察量表。

时间取样中的记录方式主要采用符号记录方式，可以分为检核记录方式、频次记录方式、类别符号记录方式，除此之外，还可以根据观察目的添加持续时间与文字描述。以下就不同记录方式呈现不同的观察量表。

(1)检核记录的方式及观察量表示例。

对于某个幼儿相应的行为是否出现进行标记，这便是检核记录的方式。比如，表2-7中，9:30:20—9:30:30是观察③号幼儿的时间，③号幼儿出现了不专注的行为，用打"√"的方式呈现，9:30:50—9:31:00是观察⑥号幼儿的时间，该幼儿没有出现不专注的行为，便不予标记。

表 2-7　幼儿不专注行为的观察量表

观察对象：大一班幼儿　　观察日期：2020年9月21日　　观察者：徐老师

说明：阴影部分为该幼儿的观察时间，在该时间段内出现不专注行为则标注"√"。

	观察时间	幼儿编号 ①	②	③	④	⑤	⑥	…	㉖	㉗	㉘	㉙	㉚
第一轮	9:30:00—9:30:10	√											
	9:30:10—9:30:20												
	9:30:20—9:30:30			√									
	9:30:30—9:30:40												
	9:30:40—9:30:50					√							
	9:30:50—9:31:00												
	9:31:00—9:31:10												
	⋮												
	9:34:50—9:35:00												
第二轮	9:36:00—9:36:10	√						…					
	9:36:10—9:36:20		√										
	⋮												
第三轮	9:42:00—9:42:10							…					
	9:42:10—9:42:20												
	⋮												
第四轮	9:48:00—9:48:10	√						…					
	9:48:10—9:48:20												
	⋮												

(2)频次记录的方式及观察量表示例。

运用检核记录的方式可以了解幼儿在该时间段内是否出现相应的目标行

为，但无法了解该时间段出现的行为次数。而频次记录的方式可以统计什么时间段最容易出现该行为，并且了解幼儿出现目标行为的总次数。从表2-8中，可以看出每名幼儿的不专注的次数以及不专注行为发生的时间段，如①号的幼儿，在这四轮的观察中总共出现了6次不专注的行为。在第三轮，也就是9:42:00到9:47:00，所有幼儿不专注的行为出现得较为集中。

表2-8 幼儿不专注行为的观察量表

观察对象：大一班幼儿　　观察日期：2020年9月21日　　观察者：徐老师

说明：阴影部分为该幼儿的观察时间，在该时间段内每出现1次则用"｜"标注。

观察时间		①	②	③	④	⑤	⑥	…	㉖	㉗	㉘	㉙	㉚	总计
第一轮	9:30:00—9:30:10	‖												15
	9:30:10—9:30:20													
	9:30:20—9:30:30			｜										
	9:30:30—9:30:40							…						
	9:30:40—9:30:50					｜								
	9:30:50—9:31:00													
	9:31:00—9:31:10													
	⋮													
	9:34:50—9:35:00												｜	
第二轮	9:36:00—9:36:10	｜												25
	9:36:10—9:36:20							…						
	⋮													
第三轮	9:42:00—9:42:10	‖												32
	9:42:10—9:42:20			｜				…						
	⋮													
第四轮	9:48:00—9:48:10	｜												10
	9:48:10—9:48:20							…						
	⋮													
总计		6	1	1	0	2	0		1	0	2	2	1	

(3)类别符号记录的方式及观察量表示例。

运用频次记录的方式能了解幼儿在该时间段内出现目标行为的次数，但无法了解幼儿出现的行为类别。如果我们需要了解幼儿的行为类别，便需要对每一类别赋予不同符号。如在表2-9中，9:30:00到9:30:10这段时间内，①号的幼儿出现了东张西望及玩手和衣服的表现。

表 2-9　幼儿不专注行为的观察量表

观察对象：大一班幼儿　　　观察日期：2020 年 9 月 21 日　　　观察者：徐老师

说明：阴影部分为该幼儿的观察时间，请按幼儿出现的行为类别标注相应符号。
A. 离开座位；B. 东张西望；C. 发呆；D. 和其他幼儿聊天或打闹；E. 玩手和衣服

	观察时间	幼儿编号											
		①	②	③	④	⑤	⑥		㉖	㉗	㉘	㉙	㉚
第一轮	9：30：00—9：30：10	BE											
	9：30：10—9：30：20												
	9：30：20—9：30：30			E									
	9：30：30—9：30：40							...					
	9：30：40—9：30：50					D							
	9：30：50—9：31：00												
	9：31：00—9：31：10												
	⋮												
	9：34：50—9：35：00												
第二轮	9：36：00—9：36：10	C											
	9：36：10—9：36：20							...					
	⋮												

除了用字母之外，还可以自行设计图形符号系统，并进行说明。表 2-10 是在集体活动中，幼儿对教师提问反应的符号系统。当然，要采用这样的记录方式，我们在正式记录前就需要确定可能出现的行为类别，使得这些类别能够涵盖所有要观察的行为。在观察前，需要准备如表 2-10 所示的符号系统说明。

表 2-10　幼儿对教师提问的反应符号系统❶

符号	行为或反应类型	符号	行为或反应类型
•	幼儿举手未被教师叫起	⊡	未举手被叫起时作适宜反应
⊙	幼儿举手后被教师叫起	⊙—	举手并被叫起时作良好反应
□	未举手而被教师叫起	⊡—	未举手被叫起时作良好反应
>	幼儿提问	⊙ͺ	举手并被叫起时作极好反应
|	幼儿讲话未被教师注意	⊡ͺ	未举手被叫起时作极好反应
⊙̣	举手并被叫起时作不适宜反应	⊗	举手并被叫起时未作反应
⊡̣	未举手被叫起时作不适宜反应	⊠	未举手被叫起未作反应
⊙̇	举手并被叫起时作适宜反应		

---

❶ 王坚红等：《学前儿童发展与教育科学研究方法》，100 页，北京，人民教育出版社，1991。

(4) 添加持续时间的记录。

有时在观察幼儿的行为时,也会记录幼儿该行为出现的时间段,可以直接在检核或类别符号后进行备注。

(5) 采用文字描述的方式。

有时,教师也可以根据观察目的采用文字描述的方式进行记录,或者采用符号记录与文字描述相结合的方式进行记录。如果采用这种记录方法,观察时距相应也会延长。

3. 进行预观察

在正式实施观察之前,观察者要进行预观察,熟悉表中的行为项目,在观察的过程中完善观察方案。

(二)实施观察

在制作完时间取样观察表格之后,观察者便可以根据计划在预定的时间内对幼儿的相应行为进行记录。在实施的过程中,需要注意以下几点:

(1) 在非观察该幼儿的观察时间段内,幼儿若出现目标行为,则不需要记录。如教师在观察①号幼儿时,②号幼儿出现离开座位的行为,则不需要记录。

(2) 要注意相应的时间节点,观察时间结束就开始记录。

(三)分析与呈现观察资料

1. 处理观察资料,分析幼儿的行为

由于时间取样法主要记录幼儿特定行为是否发生、发生的频次以及持续时间,因此观察结果容易量化,在整理与分析观察资料时,可以用量化统计与文字描述相结合的方式进行。徐老师根据每位幼儿在这五天中的表现,将已有的观察记录进行统计,并绘制相应表格(见表2-11)。徐老师发现,①号、⑧号、⑱号幼儿出现的不专注行为最多,分别为17次、18次和24次。在五类不专注行为中,东张西望与和其他幼儿聊天或打闹的行为最多。从时间段看,第二轮和第三轮中幼儿不专注行为所占比例最大。徐老师根据统计结果及对幼儿的了解对结论进行推论。

表 2-11 幼儿不专注行为类别统计表

幼儿编号	行为类别					
	A. 离开座位	B. 东张西望	C. 发呆	D. 和其他幼儿聊天或打闹	E. 玩手和衣服	总数
①	2	5	3	5	2	17
②	1	3	0	1	0	5
③	0	2	0	0	1	3
⋮						
㉚						

2. 撰写观察报告

根据观察资料与分析，形成以下观察报告（见表 2-12）。

表 2-12　大一班幼儿不专注行为观察记录

基本信息	1. 观察目的：观察幼儿在集体教育活动中不专心的行为，以采取措施进行改善。 2. 不专注行为的定义及分类：幼儿从事与主题无关的活动，分为离开座位、东张西望、发呆、和其他幼儿聊天或打闹、玩手和衣服五类。 3. 观察对象：大一班全体幼儿。 4. 观察时间： (1) 观察日期与情境：2020 年 9 月 21 日至 25 日上午集体教学活动期间。 (2) 观察时距：每个幼儿一次观察 10 秒，其中 7 秒观察，3 秒记录。 (3) 时距间隔：同一轮不同幼儿之间不间隔，每轮之间间隔 1 分钟。 (4) 时距数目：选取了一周 5 天上午的集体教学活动时间，每次 4 轮，一共 20 次。 5. 观察者：徐老师

观察记录

说明：阴影部分为该幼儿的观察时间，请按幼儿出现的行为类别标注相应符号。

幼儿编号：①～㉚

行为编号：A. 离开座位；B. 东张西望；C. 发呆；D. 和其他幼儿聊天或打闹；E. 玩手和衣服

	观察时间	幼儿编号							㉖	㉗	㉘	㉙	㉚
		①	②	③	④	⑤	⑥						
第一轮	9:30:00—9:30:10	BE											
	9:30:10—9:30:20												
	9:30:20—9:30:30					E							
	9:30:30—9:30:40							...					
	9:30:40—9:30:50						D						
	9:30:50—9:31:00												
	9:31:00—9:31:10												
	⋮												
	9:34:50—9:35:00												
第二轮	9:36:00—9:36:10	C											
	9:36:10—9:36:20							...					
	⋮												

分析

在这五天中，共观察到 134 次注意力不集中的行为。

依照幼儿进行统计，①号、⑧号、⑱号幼儿出现的不专注行为最多，分别为 17 次、18 次和 24 次。其中①号幼儿各类分心行为均出现，东张西望以及和其他幼儿聊天或打闹比较多，⑧号幼儿以发呆为主，⑱号幼儿以玩手和衣服为主。这三位幼儿在集体教学中座位均处于两边，可能与老师关注少有关，同时，需进一步观察这三位幼儿发生不专注行为的具体情境、在其他活动中的注意力表现等。

在五类不专注行为中，离开座位的行为比较少，仅有 5 次，东张西望与和其他幼儿聊天或打闹的行为最多，分别为 56 次和 41 次。体现出幼儿具有一定的规则意识，很少离开座位，东张西望可能与无关刺激的吸引有关。聊天打闹的行为体现了幼儿喜欢与同伴交往，打闹的幼儿比较集中，都比较活泼且座位临近。

续表

	从时间段看，第二轮中幼儿不专注行为所占比例最大，占总数的78%。第二轮处于集体教学活动的中段，幼儿比较容易疲劳，也可能与该时间段的活动内容与形式有关。						
分析	幼儿编号	行为类别					
		A. 离开座位	B. 东张西望	C. 发呆	D. 和其他幼儿聊天或打闹	E. 玩手和衣服	合计
	①	2	5	3	5	2	17
	②	1	3	0	1	0	5
	③	0	2	0	0	1	3
	至㉚号（实际操作中需补充完整）						
	合计	5	56	12	41	20	

注：实际操作中需补全

建议与反思	1. 提升集体教学的质量，吸引幼儿的注意力。选择幼儿感兴趣的活动内容，并且采用多种形式的教学方式，让幼儿在游戏、操作中学习。特别是在集体教学活动的中间环节，需改变教学方法。 2. 在座位的安排上，定期调整座位，并关注在座位两端的幼儿。除了U形座位，也可以尝试采用小组形式。 3. 检查在集体教学中容易分散幼儿注意力的刺激物。 4. 对①号、⑧号、⑬号幼儿进行持续观察，进一步观察这三位幼儿出现不专注行为的具体情境、在其他活动中的注意力表现，以及家庭中接触电子产品的频率。

（四）指导幼儿的行为

落实观察报告中的指导方案，并在指导的过程中进一步观察。

图2-7是使用时间取样法的流程，更多运用时间取样法的观察案例可参见模块五。

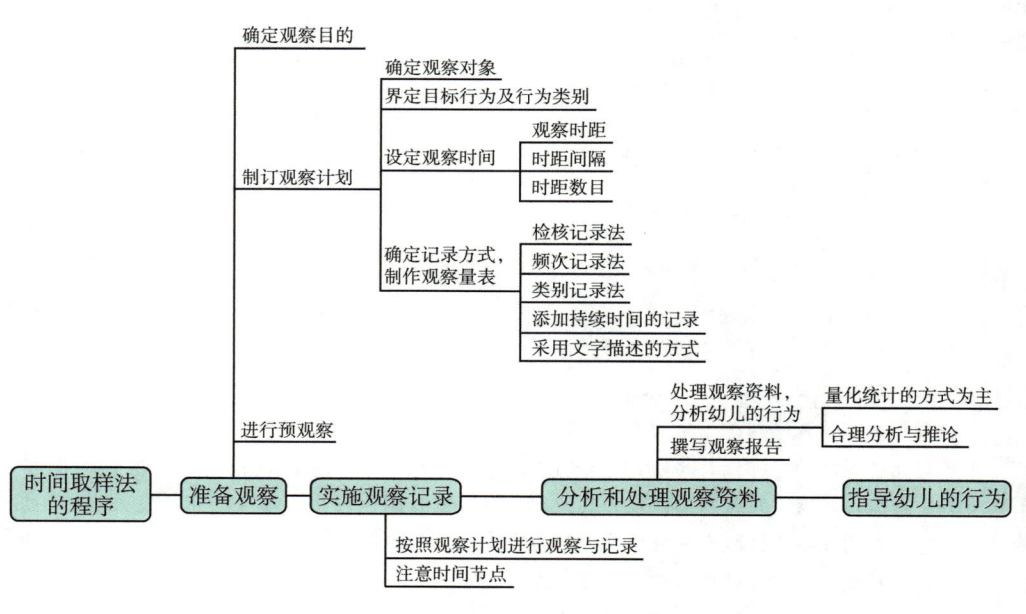

图2-7 使用时间取样法的流程

三、评价时间取样法

(一)优点

1. 收集资料效率高

时间取样法是按照计划在特定的时间段内对特定行为进行观察,观察者可以在同一时段对一名或多名儿童进行观察,用符号代码的形式进行记录,推论行为发生的频率及原因等信息。这种方法可以在较短的时间里获取更多信息,节省时间、精力,因而工作效率较高。

2. 观察结果较为客观且便于统计分析

运用时间取样法,观察者在观察之前有清晰的观察程序,在特定的时间进行观察,并对行为类别进行明确定义,使得不同观察者的操作具有一致性,有效减少主观因素的干扰,增加观察的客观性。结构化的观察以及符号记录的方式使得观察结果便于量化统计。

(二)局限

1. 不适用于观察频次低以及内隐的行为

时间取样法适用于观察出现频率高、外显的行为。如果目标行为在观察过程中出现的概率很低,会使得观察效率低下。比如,教师要观察小班幼儿的合作行为,但是小班以单独游戏或平行游戏为主,很少出现合作行为,教师很少有可能在预设的时间段内观察到幼儿的这一行为,这种行为便不适用于时间取样法。一般而言,如果在15分钟内,所观察的行为平均出现的次数少于一次,那么就不应运用时间抽样。❶ 时间取样法也不适用于一些内隐行为,如幼儿的动机、个性等,因为这些往往不容易被及时发现和判断,对这些内隐行为需要结合描述性记录方法进行观察记录,以便做全面的分析。

2. 无法获得完整的行为信息

观察者在有间隔的时间段里进行观察,获得的是较为碎片化的信息,无法了解发生的背景、具体过程等,可能无法对幼儿的行为进行准确解释。有些有价值的信息如果发生在预定时间段之外,就可能会遗漏,而这些信息可能正是解释幼儿行为的关键信息。如在观察A幼儿的10秒内,教师看到A幼儿推了B幼儿,于是给A幼儿标记了攻击性行为,但可能没有注意到,在教师观察A幼儿之前,B幼儿挤到了A幼儿的座位上,于是A幼儿把B幼儿推开。所以,必须收集大量的样本,才能确保数据具有代表性。

---

❶ [美]沃伦·R. 本特森:《观察儿童:儿童行为观察记录指南》,于开莲、王银玲译,94页,北京,人民教育出版社,2009。

小试牛刀 ▶▶▶▶▶

请以一个同学为观察对象，自定观察目的和目标行为，用时间取样法进行观察，并撰写观察报告。可扫描右侧二维码获取时间取样观察表。

云测试：小试牛刀

2.8 时间取样观察表

学习任务2.5　事件取样法

学习任务单

项目	内容	备注
学习目标	1. 了解事件取样法的含义与特点 2. 掌握事件取样法的使用程序 3. 能设计观察表，并运用该方法进行观察记录	
学习要点	1. 理解事件取样法的适用情境 2. 了解事件取样法的优点和不足 3. 能根据观察目的界定目标行为 4. 能根据观察计划实施事件取样法 5. 尝试用量化、质性结合的方式对资料进行分析 6. 比较时间取样法与事件取样法的异同点	
学习时数	2课时	
学习建议	1. 课前：结合平台资源、教材案例进行学习，并提出疑问 2. 课中：带着问题进行讨论，弄清预习中不懂的部分，并尝试操作 3. 课后：根据学习目标反思学习所得，并进行实践	
学习运用	可用于观察、评估幼儿各个方面的发展状况，以此作为课程设计、个别指导的依据	
学习收获与反思		学生填写

连线职场

徐老师运用时间取样法对幼儿在集体教学活动中的不专注行为进行观察后,发现天天出现的不专注的行为频率比较高,想要了解天天注意力不集中的原因。可是在时间取样观察中,徐老师只能了解天天出现不专注行为的次数、类别以及时间,无法深入了解他注意力不集中的具体原因,进而也无法进行有针对性的支持。

你认为,如果要分析幼儿不专注的原因,还需要了解什么信息呢?你可以采取什么方式进行观察与记录?

 学习驿站

▶▶ 一、认识事件取样法 >>>>>>>>

事件取样法的观察目标是"事件",观察者事前根据观察目的选择特定事件,记录事件发生的前因后果,将此作为分析推论的依据。与时间取样法不同之处在于,事件取样法的核心是"事件",只要目标事件出现,便进行记录,对观察时间不做规定,观察的资料具有连续性和自然性。通过事件取样法,我们可以了解事件发生的频率、持续时间,分析目标行为的因果关系,从而对事件有全面、深入的了解。由于事件取样法焦点集中、针对性强,适用于幼儿反复出现、需要深入分析的行为,如幼儿的冲突行为、合作行为等。右侧小资料为事件取样法非常著名的案例:达维(Helen C. Dawe,1934)对幼儿争执行为的观察研究。

徐老师想要了解天天注意力不集中的原因,也可以通过每次幼儿出现不专注行为时的情境、表现、结果等信息,寻找天天的行为模式,从而进行有针对性的指导。

文本:幼儿争执行为的研究

▶▶ 二、运用事件取样法 >>>>>>>>

与时间取样法一样,事件取样法也是一种结构化的观察方法,要求观察者事先做好观察准备,并按照一定程序实施观察。下面以"连线职场"的案例为例逐一对这些观察步骤做具体说明。

微课:认识事件取样法

(一)进行观察准备

1. 确定观察目的

徐老师本次观察的目的是了解天天注意力不专注的原因,培养天天专注的品质。

2. 制订观察计划

第一步,确定观察对象。

根据观察目的,本次观察对象为天天(5岁2个月)。

第二步，界定目标行为及行为类别。

徐老师将"不专注的行为"定义为"幼儿从事与主题无关的活动"，包括离开座位的活动与在座位上的活动，在座位上的活动又分为东张西望、发呆、和其他幼儿聊天或打闹、玩手和衣服四类。具体的操作方式见时间取样法。

> **议一议**
>
> 请尝试对幼儿的攻击性行为进行解释，写下自己的理解。与同桌讨论，哪些属于攻击性行为，哪些不属于。最后，对攻击性行为进行归纳并分类。课后请查阅相关资料，进一步对攻击性行为进行定义并分类。

第三步，确定观察时间和情境。

由于本次观察的目的是要了解天天在集体活动中的专注力表现，因此将观察情境设定为每日上午的集体教学活动和下午的谈话活动。观察时间为9月28日至30日。

第四步，确定记录方式，制作观察量表。

事件取样法的记录方式主要有符号记录方式、叙事描述的方式以及两者结合的方式。其中符号记录方式又可以分为检核记录方式、频次记录方式、类别记录方式。由于符号记录方式与时间取样较为类似，因此在符号记录方式中，只呈现类别记录的方式。无论是哪种记录方式，我们都需要完整记录事件的前因后果。我们还是以天天不专注行为为例进行说明。

（1）类别符号记录的方式及观察量表。

运用类别符号记录的方式，首先需要对类别赋予符号。在这个案例中，教师对事件发生的情境、天天不专注的行为、教师的干预方式及结果进行分类，具体分类与符号见表 2-13。

表 2-13　幼儿不专注行为的观察量表

基本信息	观察对象：天天　　年龄：5岁2个月　　观察日期：2020年9月28日 观察者：徐老师 观察目的：观察天天在集体活动中不专注的表现，了解天天注意力不专注的原因，培养其专注的品质。					
符号说明	观察情境：◎集体教学活动；※谈话活动 不专注的行为：A. 离开座位；B. 东张西望；C. 发呆；D. 和其他幼儿聊天或打闹；E. 玩手和衣服 教师的干预方式：1. 眼神提醒；2. 走过去摸头或拍肩；3. 口头提醒；4. 口头批评；5. 惩罚；6. 忽视 行为结果：a. 注意力集中到主题活动；b. 保持原来的状态；c. 换一种不专注行为					
观察记录	情境	开始时间	结束时间	不专注的表现	教师的干预方式	行为结果
	◎	9:40:00	9:43:00	D	1	c
	◎	9:49:30	9:50:00	B	2	a
	◎	9:55:00	10:00:00	A	4	a
	◎	10:02:50	10:03:00	C	6	a
	◎	10:07:55	10:08:00	B	6	a
	◎	10:10:00	10:11:00	B	6	a
	※	15:05:00	15:06:00	D	3	a

(2)叙事描述的方式及观察量表。

符号记录的方式只能记录背景、行为类别等,无法了解细节。比如,天天在什么具体情境中出现不专注的行为不得而知,教师具体说了什么、做了什么也不了解,而这些可能是分析天天发生不专注行为原因的关键信息。而叙事描述的方式可以具体地描述事件的起因、经过、结果,帮助观察者对幼儿行为进行深入分析(见表2-14)。

表2-14 幼儿不专注行为的观察量表

观察对象:天天　　　年龄:5岁2个月　　　观察日期:2020年9月28日
观察者:徐老师
观察目的:观察天天在集体活动中不专注的表现,了解天天注意力不专注的原因,培养其专注的品质。

活动	开始时间	结束时间	具体情境	幼儿的表现	结果
集体教学活动	9:40:00	9:43:00	教师让幼儿轮流说自己喜欢去的地方	天天开始的时候把脸转过去听其他小朋友的回答,过了1分钟,开始和旁边的小玲说话	教师看了天天一眼,天天停止与小玲说话,转头看窗外
集体教学活动	9:49:30	9:50:00	教师对着绘本讲故事,保育员教师的手机响了	天天把头转向保育员教师的方向,伸长脖子看	教师一边讲故事,一边走到天天的身边,摸摸天天的脑袋,天天把头转回来,继续听故事

从表2-14的记录中可以看出,天天第一次出现注意力不集中是在教师请其他幼儿回答问题的时候,天天处于等待的状态,时间一长便开始与其他幼儿说话,教师虽然用眼神提醒了天天,天天由于没有事情做而转头去看窗外。天天第二次分心是因为保育员教师的手机响了,吸引了天天的注意,但在教师的提醒下天天迅速将注意力转移到活动中来。由此可以看出,天天的这两次分心外部因素所起的作用较大。

符号记录方便快捷且便于统计,叙事描述的方式可以把握事件细节,两者各有优势,在记录的过程中,可以将两种方式相结合,可参见表2-15"天天不专注行为观察记录"的观察报告。

3. 进行预观察

与时间取样法一样,在正式实施观察之前,观察者也需要进行预观察,熟悉表中的行为项目,在观察的过程中完善观察方案。

(二)观察的实施

在制作完事件取样观察表格之后,观察者便可以根据计划在集体教学活动期间观察天天的行为。在实施的过程中,需要注意以下几点:

(1)观察者在集体活动期间要时刻关注天天的行为,只要天天出现目标行为就开始记录。

(2)记录内容应包括目标行为发生的整个过程,包括情境、起因、经过和结果等。

学习笔记

(三)分析与呈现观察资料

1. 处理观察资料，分析幼儿的行为

事件取样法记录了幼儿行为的整个过程，可以根据多次记录的数据寻找行为模式，分析幼儿行为背后的原因。由于事件取样法既可以用判别符号记录的方式，也可以用叙事描述的方式，因此在整理与分析观察资料时，可以用量化统计与文字描述相结合的方式进行。徐老师在三天内共收集到天天 25 次不专注的行为，其中有 20 次出现在集体教学活动中，有 5 次出现在下午的谈话活动中。在集体教学活动中，有 10 次发生在教师提问其他幼儿时，有 4 次是有外界干扰如电话铃声、其他班级教师进来等，有 2 次是教师在分发材料。因此，教师日后要注意在提问个别幼儿时能兼顾到其他幼儿，在开展集体教学活动时也要避免无关事物的干扰。

2. 撰写观察报告

表 2-15　天天不专注行为观察记录

基本信息	编号：TT001 1. 观察目的：观察天天在集体活动中不专注的表现，了解天天注意力不专注的原因，培养其专注的品质。 2. 不专注行为的定义及分类：幼儿从事与主题无关的活动，分为离开座位、东张西望、发呆、和其他幼儿聊天或打闹、玩手和衣服五类。 3. 观察对象：天天　　年龄：5 岁 2 个月 4. 观察日期：2020 年 9 月 28 日至 30 日 5. 观察情境：集体教学活动和集体谈话活动 6. 观察者：徐老师 7. 观察方法：事件取样法
符号说明	观察情境：◎集体教学活动；※集体谈话活动 不专注的行为： A. 离开座位；B. 东张西望；C. 发呆；D. 和其他幼儿聊天或打闹；E. 玩手和衣服 教师的干预方式： 1. 眼神提醒；2. 走过去摸头或拍肩；3. 口头提醒；4. 口头批评；5. 惩罚；6. 忽视 行为结果： a. 注意力集中到主题活动；b. 保持原来的状态；c. 换一种不专注行为

	序号	情境	时间	不专注的表现	教师的干预方式	行为结果
观察记录 9.28	一	◎ 教师 9：37：00 让幼儿轮流说自己喜欢去的地方	9：40：00—9：43：00	D 天天开始的时候把脸转过去听其他小朋友的回答，过了 1 分钟，开始和旁边的小玲说话	1 教师看了天天一眼	c 天天停止与小玲说话，转头看窗外
	二	◎ 教师对着绘本讲故事，保育员教师的手机响了	9：49：30—9：50：00	B 天天把头转向保育员教师的方向，伸长脖子看	2 教师一边讲故事，一边走到天天的身边，摸摸天天的脑袋	a 天天把头转回来，继续听故事

续表

	序号	情境	时间	不专注的表现	教师的干预方式	行为结果
观察记录 9.28	三	◎ 教师请小朋友上来表演故事内容,天天举了几次手,教师没有叫他	9:59:30—10:00:00	A 天天站起来举手,慢慢走到拼图旁边玩了起来	4 教师看到了,大声对天天说:天天怎么回事,还要不要上课了	a 天天噘着嘴回到座位上
	四	◎ 教师讲故事	10:02:50—10:03:00	C 天天眼睛盯着地板发呆	6 教师看到了没有理会	a 天天自己回过神来
	五	◎ 教师请其他小朋友回答问题,天天举手,教师没有叫他	10:07:55—10:08:00	B 天天一边摇晃着椅子,东看看西看看	6 教师没有注意到天天	a 其他小朋友说完,天天再次举手
	六	◎ 教师请其他小朋友回答问题	10:10:00—10:11:00	B 天天看着窗外	6 教师看到了没有理会	a 1分钟后天天听教师讲述
	七	※ 教师请小朋友上来分享今天写的日志	15:05:00—15:06:00	D 天天和其他幼儿聊天或打闹	3 教师叫了一声"天天"	a 天天停止和其他幼儿聊天,转过身坐好
观察记录 9.29	略					
观察记录 9.30	略					
分析	在这三天共观察到天天25次不专注的行为,其中有20次出现在集体教学活动中,有5次出现在下午的谈话活动中。在集体教学活动中,有10次发生在教师提问其他幼儿时,有4次是有外界干扰如电话铃声、其他班级教师进来等,有3次是在教师讲解的时候,有2次是教师在分发材料。说明天天比较容易受到外界干扰,在集体活动中还不能长时间地倾听他人说话,在等待时间容易出现注意力分散的情况。 教师一般采用语言或动作进行提醒,当天天出现和其他幼儿打闹或者离开座位的行为时,教师有时候会批评;当天天出现东张西望、发呆或自己玩时,教师常采用忽视的策略。 当教师提醒时,天天一般都能听从教师的提醒,将注意力回到主题活动中。					
建议与反思	1. 教师日后要注意在提问个别幼儿时能兼顾到其他幼儿,采用个别回答、同伴互相分享等多种方式,满足幼儿的表达意愿。 2. 在开展集体教学活动时也要避免无关事物的干扰。 3. 提升活动的趣味性,让幼儿在游戏、操作中学习。 4. 通过语言游戏或者其他天天感兴趣的活动培养天天的专注力,帮助其养成倾听的好习惯。					

▶ 三、指导幼儿的行为 >>>>>>>

落实观察报告中的指导方案,并在指导的过程中进一步观察。

图2-8是事件取样法的使用流程,更多运用事件取样法的观察案例可参见模块五。

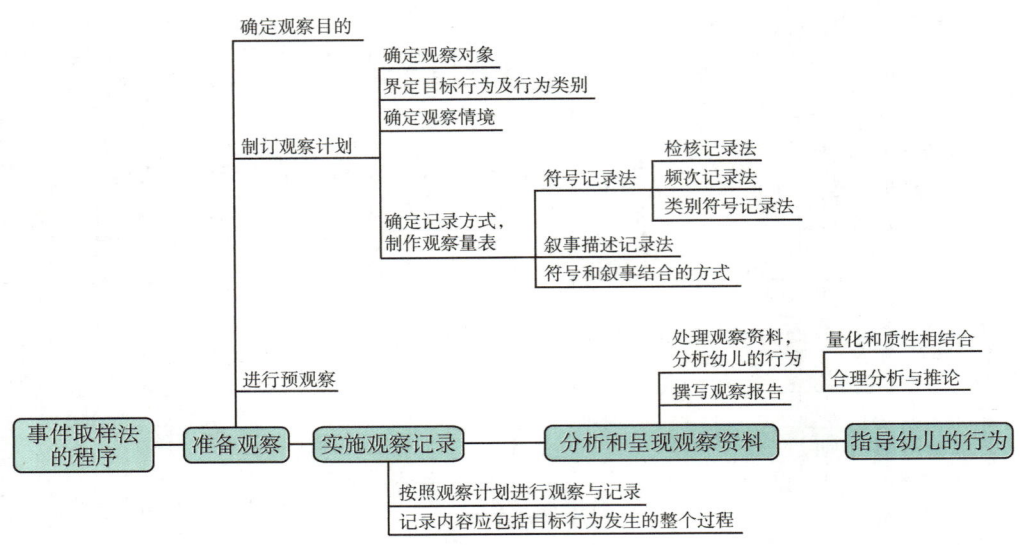

图 2-8 事件取样法的使用流程图

▶▶ 四、评价事件取样法 >>>>>>>>

(一)优点

(1)事件取样法所获得的信息是完整的资料,可以了解事件的背景信息及其发展的脉络,可以记录具体的细节,通过多次持续的观察有助于对某类事件进行深入分析。

(2)观察目标聚焦,收集资料效率高。事件取样法是按照缜密的计划对特定行为进行观察,在观察时信息容易聚焦。结合符号和叙事两种记录方式,在有限的时间内收集具有针对性的信息。

(3)使用范围广。事件取样法可以针对大部分的行为和事件,如合作行为、争吵行为等,尤其对于幼儿反复发生的"偏差"行为,如攻击性行为、告状、午觉困难、挑食等让教师感到苦恼的事件,可以进行深入研究,并寻找有效的措施,帮助教师解决实际遇到的问题,促进幼儿的发展。

(二)缺点

(1)不适用于发生频次低的行为。事件取样法一般适用于经常发生的行为,因为发生频次高,有观察价值,因此作为样本事件进行观察。要深入研究也需要有一定数量积累,而偶发性的行为不利于观察者进行持续的观察及深入分析。

(2)只观察和记录特定行为或事件,容易忽略事件之外的资料。而有时事件之外的信息可能才是导致该事件的真实原因。

云测试:小试牛刀

> 📎 **小试牛刀** ▶▶▶▶▶▶
>
> 1. 请对比时间取样和事件取样的异同。
> 2. 中三班经常出现告状行为,王老师感到十分苦恼。请用事件取样的观察方法,为王老师制订观察计划。

学习任务 2.6　行为检核法

学习任务单

项目	内容	备注
学习目标	1. 了解行为检核法的含义与特点 2. 掌握行为检核法的使用程序 3. 能设计行为检核表，并运用该方法进行观察记录	
学习要点	1. 理解行为检核表的适用情境 2. 了解行为检核表的优点和不足 3. 参考《指南》等资料设计行为检核表 4. 能依据行为检核表来评估幼儿的行为	
学习时数	2 课时	
学习建议	1. 课前：结合平台资源、教材案例进行学习，并提出疑问 2. 课中：带着问题进行讨论，弄清预习中不懂的部分，并尝试操作 3. 课后：根据学习目标反思学习所得，并进行实践	
学习运用	可用于观察、评估幼儿各个方面的发展状况，以此作为课程设计、个别指导的依据	
学习收获与反思		学生填写

连线职场

　　李老师在下半学期接手了小三班，想尽快了解本班幼儿在大动作发展上的能力，以便有针对性地开展体育活动。于是，她开始对每个幼儿进行观察记录，但是几天下来，她发现非常费时间。

　　你能不能帮李老师想想办法，怎样才能更快更全面地获得信息呢？

　　我们之前学过的描述与取样的方法合适吗？

_____

_____

一、认识行为检核法

微课：认识行为检核法

当我们去商店买东西的时候，你有什么办法能快速买齐所有商品，并且不遗漏呢？我们可能会列一张清单，买好一样就打一个"√"，这样可以帮助我们核对商品是否买齐，接下来还需要买什么。在观察幼儿行为的时候，我们也经常会采用这样的方式，提前列出要观察的行为，考察相应的行为是否出现。这种观察者依据一定的观察目的、事先拟定所需要观察的项目，并将它们排列成清单式的表格，然后通过观察，根据检核表内容逐一检视幼儿行为出现与否的观察与记录方法，称为**行为检核法**，又称清单法、检测表单法。一般而言，行为检核法适用于观察目的明确、行为具体可测的情况。当我们想要了解幼儿的发展水平，对幼儿进行定期评估，或者识别特殊发展需要的幼儿时，可以采用这一方法。表2-16是小班入园前，教师让家长填写的观察记录表（部分）。

评定的方法：

在评定法中，观察者不仅要观察，而且还要对所观察到的行为做出评定判断。包括行为检核法和等级评定法两种。

表2-16　幼儿在家情况观察记录表

姓名：		性别：	出生日期：	填写者：	
	检核项目			是	否
饮食	是否自己吃饭				
	是否会用餐具				
睡眠	是否单独睡				
	是否尿床				
自理能力	是否会穿衣服				
	是否会脱衣服				
	是否会穿袜子				
	是否会脱袜子				

二、运用行为检核法

与取样的方法一样，行为检核法也是一种结构化的观察方法，要求观察者事先做好观察准备，并按照一定程序实施观察。下面以"连线职场"的案例为例逐一对这些观察步骤做具体说明。

（一）进行观察准备

当你运用清单法来购物时，你需要提前明确自己的需求，并罗列商品名称，制作商品清单。在我们运用行为检核法时，最关键的就是要确定行为检核表。常见的检核表有以下三类。

1. 发展类型的检核表

这类检核表主要是为了了解幼儿在各个方面的发展水平，作为幼儿成长记录的档案、制订活动方案的依据，如在开学初、期末、年末对幼儿的能力进行评估，有时也会作为医疗用途的参考。在设计这一类检核表时，我们可以参考幼儿发展常模及已有的检核表。

2. 课程学习的检核表

这类检核表是为了了解幼儿的课程学习情况，以此为依据反思并调整课程方案。教师一般会根据该阶段的学习目标，并结合课程目标，设计检核表。表2-17为教师在"蝌蚪变青蛙"主题中设计的检核项目。❶

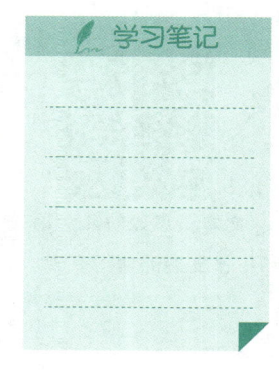

表2-17 幼儿课程学习检核表

课程名称：蝌蚪变青蛙	班级：大班	幼儿姓名：	日期：
检核项目	达到期望	有进步	备注
1. 对蝌蚪和蛙类的种类与特征有初步的了解			
2. 能观察并比较蝌蚪和蛙类两者外形的差异点			
3. 能观察并比较不同种类蝌蚪（蛙类）外形上的特征			
4. 初步认识蝌蚪和蛙类的习性			
5. 对蝌蚪和蛙类的生存环境有初步的认识			
6. 能承担照顾蝌蚪和蛙类的工作			
7. 会翻阅书籍寻找相关的资料			

3. 单一行为的检核表

单一行为的检核表是指将幼儿的行为设计成检核表的形式，以解决需耗时较多的文字记录的问题，同时可以提供丰富的幼儿行为信息，供观察者参考。表2-18为幼儿入园适应情况检核表。❷

表2-18 幼儿入园适应概况检核表（部分）

姓名	基本信息					入园适应情况								
	托幼机构经验		主要照顾者			分离焦虑		区角兴趣				同伴互动		
	有	无	父	母	祖辈	保姆	无	有	美工区	图书区	积木区	娃娃家	主动	被动	跟随某同伴	独自
C1																
C2																

我们在制作检核表时，可以参考已有的检核表，也可以根据观察目的自制或改编已有的表格。接下来，我们以"连线职场"为例，说明如何设计检核表。

---

❶ 蔡春美、洪财福等：《幼儿行为观察与记录（第二版）》，142页，上海，华东师范大学出版社，2019。
❷ 同上，147、149页。

文本：小班幼儿大动作发展的典型表现

第一步，根据观察目的，列出所需要观察内容的重要项目。

案例中李老师刚接手小三班，想尽快了解本班幼儿在大动作发展上的能力水平，以便有针对性地开展体育活动。因此观察目的为"了解其所带小班幼儿大动作的发展情况"。李老师根据《指南》、学前儿童动作发展的核心经验、儿童发展常模等资料，梳理了3~4岁幼儿大动作发展的核心项目。李老师对3~4岁幼儿大动作发展进行分析后，列出了下列她认为重要的项目。

（1）能沿地面直线或在较窄的低矮物体上行走。
（2）能独立上下楼梯。
（3）能连续单脚或双脚向前跳。
（4）能快跑。
（5）能双手抓杠悬空吊起。
（6）能单手投掷。

第二步，列出目标行为。

在列出主要观察项目之后，需要对目标行为进行细化与定义，定义是否明确会直接影响到后期的记录结果。如"能独立上下楼梯"，既包括独立上楼梯，也包括下楼梯，幼儿上下楼梯时会采用交替走、并步走、扶着楼梯走等方式，不同的方式展现了幼儿的不同水平。观察项目过于宽泛，会影响记录的客观性。因此，李老师按照3~4岁幼儿发展要求将该项目分解成以下两个目标行为：

（1）能不扶杆双脚交替上楼梯三个台阶。
（2）能不扶杆双脚交替下楼梯三个台阶。

学习笔记

📎 **做一做** ▶▶▶▶▶▶

你认为下列目标行为的表述是否合适，合适请在（　　）内标注"A"，不合适请标注"B"。（参考答案请扫描右侧二维码）

1. 能单手将沙包向前投掷2米。（　　）
2. 经常向前抛沙包。（　　）
3. 单脚跳能力强。（　　）
4. 能走完3米长、10厘米宽直线区。（　　）
5. 能完成大部分大肌肉动作技能。（　　）

云测试：做一做

第三步，依照逻辑组织目标行为。

列出全部目标行为之后，需要依照逻辑组织目标行为，可以按照活动场地、活动顺序、行为类别、难易顺序等方式进行组织。注意项目应具有代表性，且不应重复。李老师按照动作类别对目标行为进行排列，如表2-19所示。

表 2-19　小班幼儿大动作发展检核表

题项	是	否
能沿着地面上的直线上向前走 2 米		
能走过 16 厘米（宽）×12 厘米（高）×200 厘米（长）的平衡木		
能不扶杆双脚交替上楼梯三个台阶		
能不扶杆双脚交替下楼梯三个台阶		
快速向前跑 15 米		
能双脚并拢连续向前跳 2 米		
能单脚连续向前跳 2 米		
能单手将沙包向前投掷 2 米		
能双手抓杠悬空吊起 10 秒		

第四步，根据观察目的完善行为检核表。

李老师除了想要了解幼儿是否能达到这些能力，还想要了解未达到的能力之后何时达到，因此增加了备注一栏。此外，与其他观察记录表一样，完整的行为检核表还应包括幼儿姓名、性别、年龄、观察时间、地点等基本信息（见表 2-20）。

表 2-20　小班幼儿大动作发展检核表

姓名_____　　性别_____　　年龄_____　　编号_____
观察时间_____　　观察地点_____　　观察者_____
说明：请核对下列题项，在你认为符合该儿童的题项后打"√"。

题项	是	否	备注
能沿着地面上的直线向前走 2 米			
能走过 16 厘米（宽）×12 厘米（高）×200 厘米（长）的平衡木			
能不扶杆双脚交替上楼梯三个台阶			
能不扶杆双脚交替下楼梯三个台阶			
快速向前跑 15 米			
能双脚并拢连续向前跳 2 米			
能单脚连续向前跳 2 米			
能单手将沙包向前投掷 2 米			
能双手抓杠悬空吊起 10 秒			

（二）实施观察记录

在制作完行为检核表后，观察者便可以根据行为检核表的项目依次对幼儿的行为进行检核。在实施的过程中，需要注意以下几点：

(1)观察者要熟悉表中的行为项目、评定标准与记录方式,并进行预观察。

(2)选择适宜的观察情境,以提高观察效率。比如,教师要观察幼儿的大动作发展,因此选择了幼儿晨间锻炼及户外活动的时间,并且提供了相应的材料,幼儿能在该情境中自然展现教师想要观察到的行为。

(3)在观察时要保持客观,基于观察事实进行选择。

(4)多位观察者之间需要保持一致的标准。

(5)可以进行现场观察,也可以根据已有的描述记录进行勾选。

(6)基于在不同情境的多次观察,谨慎进行判断。

(7)除了采用传统纸笔记录的方式,也可以在电子设备的相应程序中进行记录,可以提高记录与统计的效率,并方便信息的保存。

(8)可以每隔一段时间进行观察记录,以便进行前后对照。

(三)分析与呈现观察资料

1. 处理观察资料,分析幼儿的行为

由于行为检核表的观察结果容易量化,因此在整理与分析观察资料时,可以用量化统计与文字描述相结合的方式进行。如李老师根据每位幼儿在各项行为中的表现,统计出小三班幼儿大动作发展状况。从表 2-21 中我们可以获取诸多信息,如所有幼儿均能较好地掌握沿着地面上的直线向前行走,幼儿上楼梯的能力要好于下楼梯的能力等,以此为依据设计体育活动,并在日常生活中关注幼儿某些方面的动作发展状况。同时,也可以通过多次观察,进行前后对比,以了解幼儿的变化状况。

表 2-21 小三班大动作发展状况统计表

题项	人数	
	是	否
1. 能沿着地面上的直线向前走 2 米	26	0
2. 能走过 16 厘米(宽)×12 厘米(高)×200 厘米(长)的平衡木	20	6
3. 能不扶杆双脚交替上楼梯三个台阶	18	8
4. 能不扶杆双脚交替下楼梯三个台阶	10	16
5. 快速向前跑 15 米	25	1
6. 能双脚并拢连续向前跳 2 米	20	6
7. 能单脚连续向前跳 2 米	15	11
8. 能单手将沙包向前投掷 2 米	20	6
9. 能双手抓杠悬空吊起 10 秒	18	8

2. 撰写观察报告

表 2-22 为明明的观察报告，教师也可以统计所有幼儿的情况，撰写班级大动作发展观察报告，制订下一步的支持方案。

表 2-22　明明大动作发展检核表

姓名　明明　　　　性别　男　　　　年龄　3 岁 11 个月　　　　编号　MM003
观察时间　2020 年 9 月 21 日至 22 日　　观察地点　操场、楼梯等
观察情境　户外活动、日常生活　　观察者　李老师
说明：请核对下列选项，在你认为符合该儿童的选项后打"√"。

题项	是	否	备注
能沿着地面上的直线向前走 2 米	√		
能走过 16 厘米（宽）×12 厘米（高）×200 厘米（长）的平衡木		√	2020.11.2
能不扶杆双脚交替上楼梯三个台阶	√		
能不扶杆双脚交替下楼梯三个台阶		√	2021.3.11
快速向前跑 15 米	√		
能双脚并拢连续向前跳 2 米	√		
能单脚连续向前跳 2 米	√		
能单手将沙包向前投掷 2 米		√	2020.12.20
能双手抓杠悬空吊起 10 秒		√	2020.12.30

分析：
明明能沿着直线走，能单脚独立向前跳，但走平衡木和下楼梯还不太熟练，说明其有一定的平衡能力与下肢力量，可能是平时练习的机会比较少。从表 2-21 也可以看出，将近三分之二的幼儿还不能独立双脚下楼梯，远远多于不能独立上楼梯的幼儿，这也与下楼梯比上楼梯难度大有关，也符合幼儿的学习规律。明明投掷以及悬吊方面较为薄弱，可能其手臂力量有所不足，需进一步观察。

支持策略：
1. 通过"穿越烽火线"等游戏锻炼明明的平衡能力，同时在户外游戏中投放不同高度的平衡木、不同大小的轮胎等，让明明选择适合自己的难度，并逐步进行挑战。
2. 家园沟通，多给予明明自己上下楼梯的机会，并在幼儿园下楼、大型活动区域爬楼梯时关注明明的下楼能力。
3. 在家庭和幼儿园中通过好玩的投掷游戏锻炼明明的臂力。

（四）指导幼儿的行为

落实观察报告中的指导方案，通过环境创设、活动设计、家园沟通等方式支持幼儿的发展，并在指导的过程中进一步观察。

图 2-9 是行为检核法的使用流程，更多关于行为检核法的案例参见模块五。

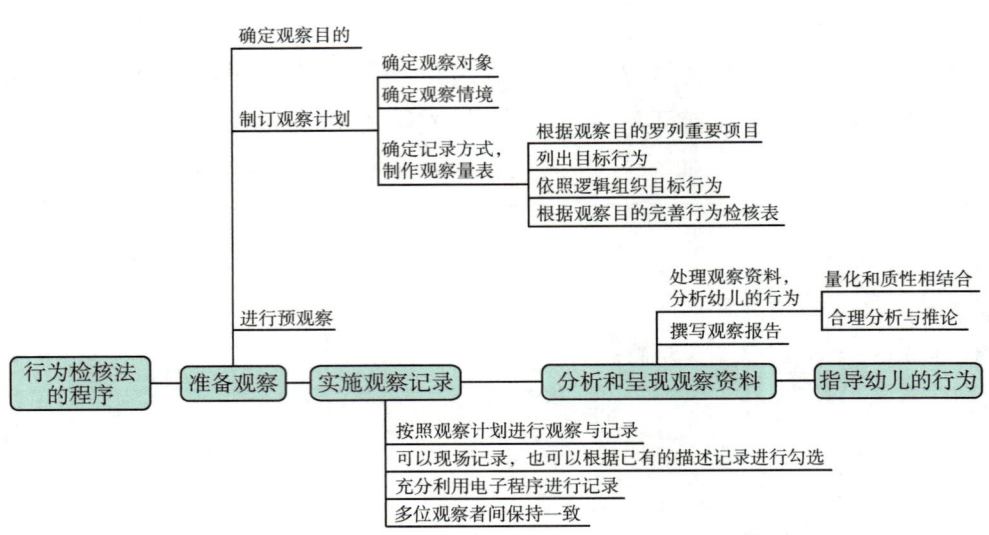

图 2-9 行为检核法的使用流程图

三、评价行为检核法

(一)优点

(1)行为检核法具有简单、高效的特点。在制订了行为检核表之后,观察者只要根据观察记录表勾选目标行为是否出现,不需要将看到的所有行为进行记录,很好地解决了教师"来不及记录""记录不完全"的问题。

(2)行为检核法应用广泛。行为检核表适用于观察幼儿的动作技能、认知发展、社会性与情绪情感等不同领域的发展状况,运用范围广且没有观察时间的限制。

(3)行为检核法的观察结果便于观察者进行量化处理。由于行为检核法所得到的资料本身量化程度较高,所以在统计分析时可以用量化的方式进行处理。在对结果的分析上,不仅可以了解幼儿在各个项目中的表现,而且能对不同方面的表现或者同一方面在不同时间段内的表现进行对比。在结果的呈现上,可以用量化及图示的方式直观地呈现观察结果。图 2-10 为大二班在一周内的区域选择统计直方图。

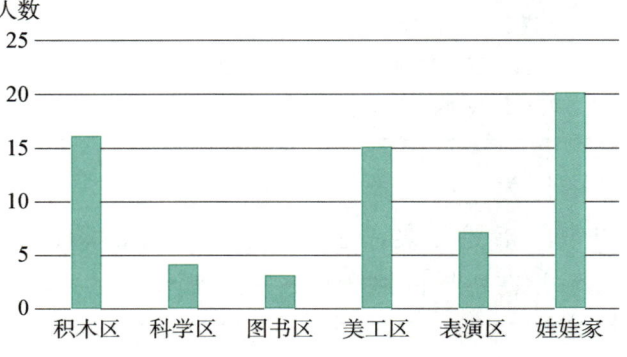

图 2-10 大二班幼儿区域选择情况统计图

(二)缺点

(1)行为检核法不能对幼儿的行为进行详细记录,无法保留原始资料。观察者只是记录了某种行为是否发生,并没有记录行为发生的前因后果、具体的发生时间和情境、持续时间和程度等信息,这可能会影响观察者对幼儿行为的解读。所以,有时观察者会将其与其他记录方式相结合,根据观察目的进行行为表现的简单备注,作为行为检核的依据。

(2)行为检核表的编制容易存在不完善的问题。行为检核表法是根据观察者事先依据幼儿可能出现的行为编制成行为检核表进行观察的,但幼儿的行为难以被全部预测到。另外,检核表的项目定义不清晰,过于模糊,也会造成难以判断的问题。

(3)行为检核法的使用容易受到观察者主观偏见的影响。不同观察者对于行为的判定容易带有主观色彩,可能造成记录结果的信度方面出现问题。针对这一问题,一方面要保证检核项目定义的明确性,另一方面可以通过多人多次观察的方式来弥补这一缺陷。

(4)行为检核法以及结果容易被错误运用。由于行为检核法能对幼儿的行为进行判断,并给出量化信息,容易被当作测试来考核幼儿的发展水平。观察和评价幼儿的目的在于了解幼儿的发展,并提供适宜的支持,而非考核幼儿,评定表中的项目也并非包含了幼儿所有的能力表现。因此,在运用行为检核法时,应尽量在自然情境中观察,专注于儿童已做到的内容,评定结果仅作为下一步支持幼儿的依据。

> 信度:信度是指研究所得结果的可靠性与稳定性。在观察中主要是指观察的精确程度与稳定程度,通常通过评分者一致性系数和稳定系数来评判。

学习笔记

小试牛刀 ▶▶▶▶▶

请根据《指南》《0—6岁儿童发展里程碑》等制订小班幼儿精细动作发展的行为检核表。可扫描右侧二维码查看参考表。

文本:行为检核法参考表

云测试:小试牛刀

学习任务 2.7 等级评定法

学习任务单

项目	内容	备注
学习目标	1. 了解等级评定法的含义与特点 2. 掌握等级评定法的使用程序 3. 能设计等级表，并运用该方法进行观察记录	
学习要点	1. 理解等级评定法的适用情境 2. 了解等级评定法的优点和不足 3. 能根据需要选择及改编等级评定表 4. 能清晰地界定评定项目以及等级标准 5. 能依据等级评定表来评估幼儿的行为	
学习时数	1课时	
学习建议	1. 课前：结合平台资源、教材案例进行学习，并提出疑问 2. 课中：带着问题进行讨论，弄清预习中不懂的部分，并尝试操作 3. 课后：根据学习目标反思学习所得，并进行实践	
学习运用	可用于观察、评估幼儿各个方面的发展状况，以此作为课程设计、个别指导的依据	
学习收获与反思		学生填写

连线职场

小三班的李老师在运用行为检核法对幼儿大动作发展进行观察的时候遇到了一些难题，很多幼儿都能够走过平衡木。但有些幼儿是非常快速、熟练地走过去，有些幼儿明显有些害怕，是慢慢地、摇摇摆摆地走过去。根据行为检核表，这些幼儿在该项目上都应该选择"是"，但是其实际完成程度是有明显区别的，可以采用什么方法进行区分呢？

学习驿站

▶▶ 一、认识等级评定法 >>>>>>>

当有人问你"饿吗？"或许你会回答"饿"或者"不饿"，也可能会说"有点饿""非常饿"。这里的"饿"与"不饿"类似于之前说到的检核表中"是"与"否"的选项，但有时候，对于事物的判断，不仅有"是"与"否"，还有程度的差别。行为检核表只能了解幼儿的行为是否发生，但无法了解行为发生的频率、程度。如果我们需要进一步了解幼儿的行为是经常发生，还是偶尔发生，行为是熟练的还是不熟练的，那我们就需要对行为进行进一步分解，就需要采用等级评定法。**等级评定法**是观察者在对幼儿进行多次观察后，对其行为表现所达到的水平进行评定，并对其行为质量的高低进行量化判断的一种方法。

等级评定的方法具体使用时有几种不同类型，根据量表设计的不同，可以分为数字等级量表、图形量表、标准化量表等。

1. 数字等级量表

数字等级量表是用数字代表某种行为的程度，观察者根据实际行为选择适宜的数字。比如，幼儿"走过 16 厘米（宽）×12 厘米（高）×200 厘米（长）的平衡木"的能力，可以分为 3 个等级，1 代表无法完成，2 代表不太熟练，3 代表非常熟练。教师可以根据幼儿的熟练程度选择相应的数字。

2. 图形量表

图形量表是以一条横线来表示一个行为维度，在横线上按照行为表现依序排列，观察者根据观察到行为的实际水平，在相应的行为描述位置上标记（见表 2-23）。

表 2-23 幼儿与同伴社会互动评定表❶

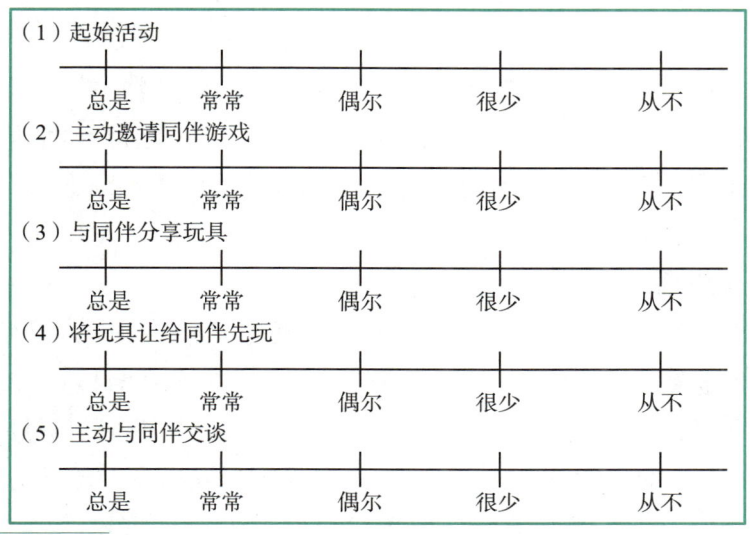

---

❶ 施燕、韩春红：《学前儿童行为观察（第二版）》，76 页，上海，华东师范大学出版社，2020。

3. 标准化量表

标准化量表是呈现一组标准，让观察者去判断幼儿的行为现象属于哪一个群体。有关幼儿发展的标准和量表有很多，观察者可以根据观察评定的内容进行选择（见表2-24）。

表2-24 幼儿语言发展水平

项目	优秀 10%	良好 20%	中等 40%	合格 20%	差 10%
倾听习惯					
语言表达					
阅读能力					
前书写					

二、运用等级评定法

(一)观察的准备

与行为检核法一样，等级评定法也是一种结构性的观察方法，需要提前进行详尽的准备。对于如何确定观察目的、选择观察对象等在之前的方法中已有多次论述，此处主要介绍如何选择与设计等级评定量表。

1. 选择等级评定量表

相比较行为检核表，等级评定表的制订更为复杂，不仅需要罗列观察项目，还需要将幼儿的行为分为不同类别，并清楚界定判断幼儿行为水平程度的依据，需要大量的前期准备工作。而在相关领域的研究中已有一些成型的量表，经过研究者们多次使用和修订，具有较高的信效度。因此我们在采用等级评定法时，可以借鉴已有的等级评定表。比如，美国高瞻课程中使用的幼儿发展评价工具"儿童观察记录"（Child Observation Record，COR），其适用对象为0~8岁儿童，由8个领域、36个条目组成。COR对每个观察项目都有从低(水平0)到高(水平7)8个层次的发展水平等级，并对每一等级的行为表现都有细致的说明。观察者可以通过观察幼儿的行为准确地判断幼儿的发展水平，让观察和评价更易于操作。(COR中的观察领域可参见左侧二维码)

文本：COR 观察领域

2. 设计等级评定量表

由于观察目的不同，有时无法在已有量表中找到合适的，这时便需要自行设计等级评定量表。制作等级评定量表与制作检核表同样都需要根据观察目的罗列行为项目、确定目标行为、组织目标行为及完善评定量表，方法与要求较为类似，在此不再重复。但与制作检核表相比，等级评定量表还需要对目标行为进行划分并明确等级，明确等级的标准十分重要。

> **议一议**
>
> 43~44个月的幼儿下楼梯能力评价表
>
> 1. 不熟练
> 2. 比较熟练
> 3. 非常熟练
>
> 兰兰无扶助向下走台阶，采用并步走的方式（每个台阶需要走两步）。
>
> 明明无扶助向下走台阶，第一、第二层台阶用并步走的方式，其余两层双脚交替向下走。
>
> 请根据"43~44个月的幼儿下楼梯能力评价表"判断兰兰和明明下楼梯的能力水平，请与同学一起讨论。

在上述案例中，或许你能确定兰兰和明明未到达下楼梯"非常熟练"的水平，但究竟属于"不熟练"还是"比较熟练"存在疑惑，且不同观察者会有不同的判断。因此，我们需要对"不熟练""比较熟练""非常熟练"三个等级进行界定。

（1）不熟练。向下走四层台阶时，幼儿站着没动，或两步一台阶至少下三层台阶。

（2）比较熟练。向下走四层台阶时，幼儿无扶助走下四层台阶，其中一到二层台阶需两步一台阶下。

（3）非常熟练。幼儿无扶助走下四层台阶，每步一台阶。❶

一般而言，等级评定法有三个或三个以上的等级，观察者需要根据观察目标，从行为发生的频率（总是、常常、偶尔、很少、从不）、程度（优、良、中、差）等方面来制订等级标准。我们同样需要对这些等级进行界定，否则会影响评定结果的客观性与一致性。

（二）实施观察记录

在制作完等级评定量表后，观察者便可以根据量表的项目和标准依次对幼儿的行为进行评定。与判断"是""否"的行为检核相比，判断某个等级难度更大，因此在实施的过程中，特别需要注意以下几点：

（1）实施之前需要对观察者进行培训，熟悉表中的行为项目与等级评定标准。

（2）在观察时要保持客观，基于观察事实进行判断。

（3）最好有多位观察者共同评定，并保证观察者间的一致性，减少评定偏差。

---

❶ 根据《Peabody 运动发育量表》改编。

(4)等级评定法通常会依据日常多次的观察进行判断,而不是采用现场评定。

(5)除了采用传统纸笔记录的方式,也可以在电子设备的相应程序中进行记录,可以提高记录与统计的效率,并方便信息的保存。

(三)分析与呈现观察资料

与行为检核表一样,等级评定的观察结果也非常容易量化,因此在整理与分析观察资料时,可以用量化统计与文字描述相结合的方式进行。表2-25是高瞻课程"儿童观察记录"中的记录表格,教师记录下每个条目的最高水平,通过叠加条目水平总和并除以总条目数,就可以计算出幼儿在每个领域的平均发展水平。通过这样的方式,教师可以非常直观地了解幼儿的优势领域及有待加强的领域,并能呈现出幼儿的前后变化,对幼儿进行有针对性的引导。

表 2-25 "儿童观察记录"(COR)儿童总结表[1]

领域	时间1	时间2	时间3	时间4	条目
学习品质	___	___	___	___	A 主动性和计划性
	___	___	___	___	B 使用材料解决问题
	___	___	___	___	C 反思
	___	___	___	___	领域均分
社会性和情感发展	___	___	___	___	D 情感
	___	___	___	___	E 与成人建立关系
	___	___	___	___	F 与其他幼儿建立关系
	___	___	___	___	G 集体
	___	___	___	___	H 冲突解决
	___	___	___	___	领域均分
身体发展和健康	___	___	___	___	I 大肌肉运动技能
	___	___	___	___	J 小肌肉运动技能
	___	___	___	___	K 自我照顾和健康行为
	___	___	___	___	领域均分

(四)指导幼儿的行为

落实观察报告中的指导方案,并在指导的过程中进一步观察。

图2-11是等级评定法的使用流程。

---

[1] 高瞻教育研究基金会:《学前儿童观察评价系统》,霍力岩等译,156页,北京,教育科学出版社,2018。

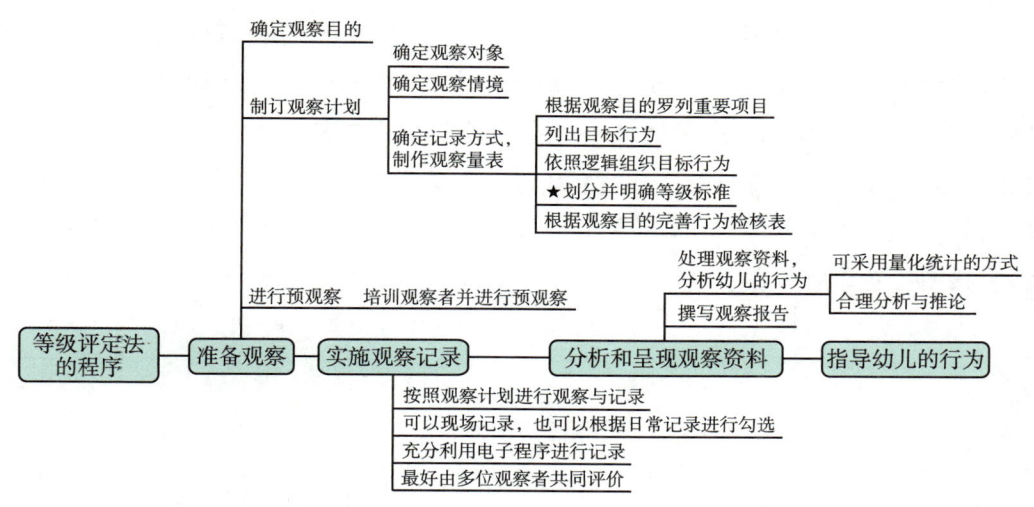

图 2-11 等级评定法的使用流程图

▶▶ 三、评价等级评定法 >>>>>>>

(一)优点

(1)等级评定法具有简单、高效的特点。与行为检核法相似,等级评定法是对观察者事先设计好的等级评定量表进行勾选,有效避免了记录文字的麻烦,便于填写。

(2)等级评定法应用广泛。等级评定法适用于观察幼儿的动作技能、认知发展、社会性与情绪情感等不同领域的发展状况,运用范围广且没有观察时间的限制。

(3)等级评定法的观察结果便于观察者进行量化处理,且可以观察幼儿的个别差异以及幼儿的动态发展。由于等级评定法所得到的结果是量化的,在统计分析时可以用量化的方式进行处理。与检核表相比,等级评定所得的不同等级代表着幼儿的不同发展水平,通过不同等级的比较更能精确反映出幼儿发展之间的差异,以及幼儿的前后动态变化。比如,在表 2-25"儿童观察记录"(COR)儿童总结表中,我们便可以根据不同时间记录下来的幼儿发展等级,来判断这一时间段幼儿的发展状况,也可以画成折线图,更加直观地呈现信息,如图 2-12。

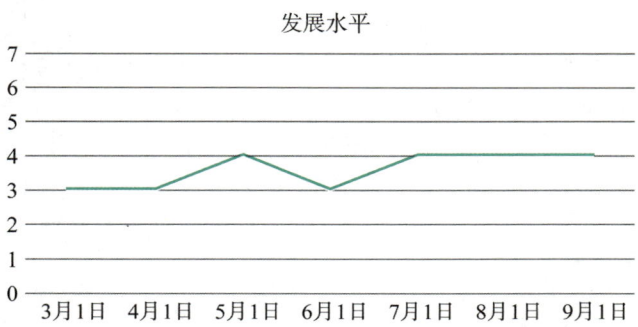

图 2-12 明明冲突解决水平的折线图

(4)可以根据等级评定促进幼儿的发展。不同等级代表着幼儿的不同发展水平,我们不仅可以了解幼儿当下所处的水平,也可以知道幼儿下一个发展水平的表现是什么,从而对幼儿在"最近发展区"内进行引导。比如,当幼儿能准确地使用代词,并能熟练地使用简单句时,我们可以判断他处于水平4,这时我们可以看到下一个阶段是用关联词说复杂句,因此我们可以尝试用关联词与幼儿交流,并关注他说关联词的情况(见表2-26)。

表2-26 "儿童观察记录"(COR)幼儿表达能力等级评定量表

等级	水平0	水平1	水平2	水平3	水平4	水平5	水平6	水平7
表现	幼儿发出如咕咕、咿呀的声音	幼儿说出(或比画)一个词来指代某个人、动物、物体或动作	幼儿说出含两三个词的短语来指代人、动物、物体或动作	幼儿谈论不在场的真实的人或物	幼儿准确使用代词(他、他的、她、她的……)	幼儿在复杂的句子中使用以"当……""如果……""因为……"开头的从句	幼儿使用"要是……""假如……"等假设性语言来发起关于可能性的谈话	幼儿与其他幼儿共同讨论一些具体的(如和学校相关的)话题

(二)缺点

(1)不能对幼儿的行为进行详细记录,无法保留原始资料。

与行为检核法一样,等级评定也只是对给出的行为等级进行标记,并没有把这个行为发生的具体的情景、原因经过和结果等细节描写出来,这可能导致观察者了解到的信息不全面,且难以求证。因此,在记录的时候,观察者有时会将等级评定方式与其他方式相结合,如用简单的逸事记录作为等级评定的证据(见表2-27)。

表2-27 幼儿语言表达发展水平观察表

姓名:明明　　性别:男　　年龄:3岁4个月
说明:请核对下列选项,在你认为符合该儿童的选项后打"√"。

等级	水平0	水平1	水平2	水平3	水平4 √	水平5	水平6	水平7
表现	幼儿发出如咕咕、咿呀的声音	幼儿说出(或比画)一个词来指代某个人、动物、物体或动作	幼儿说出含两三个词的短语来指代人、动物、物体或动作	幼儿谈论不在场的真实的人或物	幼儿准确使用代词(他、他的、她、她的……)	幼儿在复杂的句子中使用以"当……""如果……""因为……"开头的从句	幼儿使用"要是……""假如……"等假设性语言来发起关于可能性的谈话	幼儿与其他幼儿共同讨论一些具体的(如和学校相关的)话题
支持逸事	3月19日,在活动时间,计算机旁,明明对小西说:"把鼠标给我,现在轮到我了。" 3月25日,在休息时间,明明看见地上有根头绳,问:"玲玲在哪儿?这是她的,一定是她掉了。"							

（2）等级评定表的编制容易存在不完善的问题。相比较行为检核表，等级评定表不仅需要罗列观察项目，而且需要将幼儿的行为分为不同类别，并清楚界定等级标准，编制难度更大。评定表设计的合理性直接决定了评定的有效性，如果等级界定不清，容易出现判断主观的情况，影响评价信度。

（3）等级评定表的使用容易受到观察者主观偏见的影响。相对于"是"与"否"的判断，等级评定表不同等级之间的差别更小。因此判断不同等级对于观察者的要求更高，更容易带有主观色彩。且等级评定往往是观察者多次观察之后通过回忆幼儿的行为做出的判断，很容易带入自己的偏见与猜测，导致评定结果出现偏差。针对这一问题，一方面要保证等级标准的明确性；另一方面在条件允许的情况下，可以请多位带班教师共同评估，并结合以往的观察记录进行判断，以减少误差。

（4）等级评定法以及结果容易被错误运用。与行为检核法一样，由于等级评定的方式能对幼儿的行为进行判断，并给出量化信息，容易被当作测试来考核幼儿的发展水平或进行横向比较。因此，教师应明确等级评定的目的，并对结果进行慎重解释。

小试牛刀

你认为等级评定法与行为检核法有什么异同？

_____

_____

云测试：小试牛刀

模块小结

在本模块，我们根据结构性、记录方式与连续性的不同，介绍了日记法、逸事记录法、实况详录法、时间取样法、事件取样法、行为检核法、等级评定法等七种观察方法。其中前三种属于描述的方法，也是较为低结构的观察方法。时间取样法和事件取样法属于取样的方法，行为检核法和等级评定法属于评定的方法，这四种方法结构化程度较高（见图2-13）。每种方法都有其适用范围、优势与不足，我们需要进行区分并结合观察目的合理选取。在实际运用的过程中，我们也会根据需要综合运用多种观察方法。右侧二维码中的案例综合运用了行为检核法、等级评定法、逸事记录法，并附有相应的视频资料，请扫码观看。❶

文本：观察记录案例

视频：案例

---

❶ 案例来源：步燕　杭州市钱塘区文翰幼儿园。

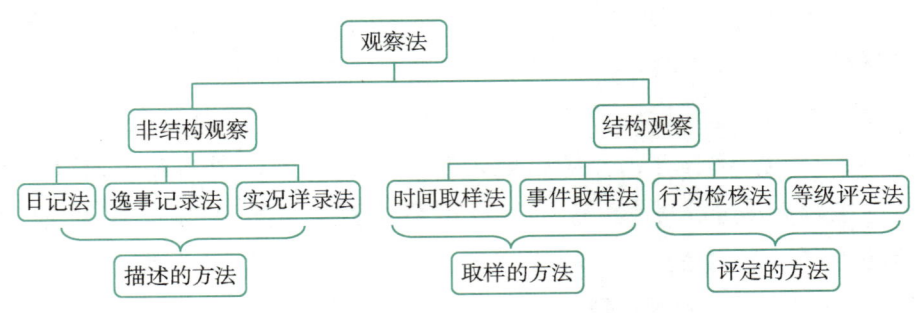

图 2-13　观察法的结构图

思考与练习

云测试：模块二

活学活用

一、选择题

1. 以下不属于时间取样法优点的是（　　）。
   A. 收集资料效率高　　　　　　　　B. 便于统计分析
   C. 可以同时对多名儿童进行观察　　D. 可随时记录

2. 观察记录避免使用的表述是（　　）。
   A. "我看到过他……"　　　　B. "他做……做得非常好"
   C. "每月有一两次……"　　　D. "他花了5分钟做……"

3. 我想了解为什么玲玲总是不愿意参与活动，可采用的方法是（　　）。
   A. 逸事记录法　　　　　　B. 事件取样法
   C. 时间取样法　　　　　　D. 行为检核法
   E. 等级评定法

4. 我想要观察大班幼儿明明的区域选择偏好，用什么方法比较好？（　　）
   A. 逸事记录法　　　　　　B. 事件取样法
   C. 时间取样法　　　　　　D. 行为检核法
   E. 等级评定法

5. （　　）是观察者将感兴趣的，并且认为是有价值的、有意义的行为和反应，以及可表现幼儿个性的行为事件，用叙述性的语言随时记录下来，供分析幼儿的行为所用。
   A. 逸事记录法　　　　　　B. 事件取样法
   C. 时间取样法　　　　　　D. 行为检核法
   E. 等级评定法

二、简答题

1. 什么是事件取样法？该方法有什么优点和缺点？

2. 什么是等级评定法？该方法有什么优点和缺点？

3. 简述检核表的制作步骤与注意事项。

4. 简述逸事记录法使用中的注意事项。

5. 比较日记法、逸事记录法、实况详录法、时间取样法、事件取样法、行为检核法、等级评定法，请从概念、适用情境、结构化程度、基本程序、优点、缺点六个维度进行。

6. 中三班来了一位新生，林老师想对该幼儿进行了解，你认为可以采用哪些观察方法？除了观察的方法之外，还可以通过什么方式获得信息？

课程实践

请在实习的过程中制订观察计划，并尝试使用逸事记录法、事件取样法和行为检核法，并完成实习任务单，实习任务单请参见右侧二维码。

文本：实习任务单

模块三
分析幼儿的行为

模块导入

蒙台梭利说:"唯有通过观察和分析,才能真正了解幼儿内在的需要和个体差异,决定如何协调环境,并采取应有的态度来配合幼儿成长的需要。"观察是支持与引导幼儿发展的前提和条件,但仅有记录资料远远不够,还需要学会对资料进行处理和加工,掌握科学分析的艺术,观察才会得法,支持和引导才会有效。那么分析幼儿行为时该注意什么,又该以什么为依据科学分析幼儿行为呢?本章将会介绍几种分析的思路,在阐述幼儿行为分析原则的基础之上,以《指南》为指引,以儿童心理发展理论为参照,阐述解读、分析幼儿行为的方法。

学习目标

1. 掌握整理与汇编观察资料的方法。
2. 知道幼儿行为分析的一般思路。
3. 掌握幼儿行为分析的原则。
4. 能够运用《指南》和儿童发展理论分析幼儿行为。

学习导航

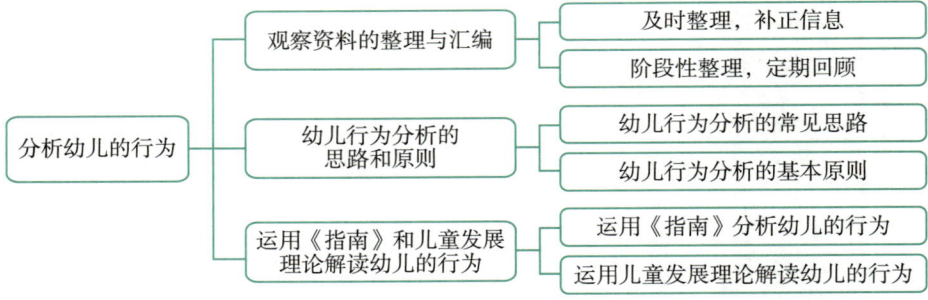

学习任务 3.1 观察资料的整理与汇编

学习任务单

项目	内容	备注
学习目标	1. 理解整理观察资料的意义 2. 掌握观察资料整理与汇编的方法 3. 养成及时、定期整理观察资料的习惯	
学习要点	1. 知道及时整理的注意事项 2. 掌握定期整理观察资料的方法	
学习时数	1课时	
学习建议	1. 课前：结合平台资源、教材案例进行学习，完成相关测试题，并提出疑问 2. 课中：带着问题进行讨论，弄清预习中不懂的部分，并尝试操作 3. 课后：根据学习目标反思学习所得，并进行实践	
学习运用	可用于整理观察资料	
学习收获与反思		学生填写

连线职场

李老师平时很注重对幼儿行为的记录，保存了许多文字信息、照片及视频。但在期末要制作每个幼儿的档案袋的时候，发现资料实在太多了，不知道该放什么资料，而且有时候要放的资料又找不到，有些资料不完整，但因为时间过去了太久，也想不起来放哪了。李老师觉得非常苦恼。

李老师遇到了什么难题呢？你能为李老师出主意吗？

学习驿站

对幼儿行为的观察是持续的、复杂的过程，我们通过各种方法收集起来的信息，如果不加以整理，便会十分杂乱。为了保证信息的有效性、完整性，并有助于我们高效地提取已有信息，资料的整理与汇编便非常重要。对观察资料的整理大致可以分为及时整理与阶段性整理。

▶▶ 一、及时整理，补正信息 ▷▷▷▷▷▷▷

在观察幼儿的过程中，无论采用什么样的观察方法，我们都会为了快速记录而简化记录的内容，如果不及时补充、梳理，等过段时间再来整理，往往会出现遗忘、偏差的情况。因此，我们需要在事后及时进行整理，补正信息，一般需要注意以下几个方面：

（1）把记录的信息补充完整，如时间、地点、场景、观察对象的基本信息、行为的细节信息等。

（2）转录重要的录音、视频信息，方便进一步分析。

（3）对各项资料进行编码，分类存档，以便日后的信息搜寻。常用的方式是通过幼儿姓名缩写、日期、主题等进行编码，如"ZHS00120180903 进餐"，代表张三的第一则观察记录，发生于2018年9月3日，记录的是张三的进餐行为，我们只需输入相应的关键词，便能找到相应资料，如图3-1所示。

| LLS00120180909晨间锻炼 |
| LLS00120180910午睡 |
| WQ00120180901入园焦虑 |
| WQ00120180902入园焦虑 |
| ZHS00120180903进餐 |
| ZHS00120180905喝水 |
| ZHS00120180907数学 |
| ZHS00120180915语言 |
| ZHS00120180918进餐 |

图 3-1　幼儿观察记录编码

（4）考虑资料是否齐全有效，是否需要进一步收集资料。

▶▶ 二、阶段性整理，定期回顾 ▷▷▷▷▷▷▷

除了及时整理，我们也需要定期对资料分类整理，原始的记录资料有时候是零散的、不系统的，但是当记录到一定量时，我们可以从看似没有关联的资料中发现幼儿的行为模式。

📎 想一想 ▶▶▶▶▶

下面这一连串的记录是从不同时间的逸事记录中抽取出来的，请同学们思考，从中获得了什么信息。

10月21日：哈利德（5岁）在不想参加游戏的时候就来找我寻求帮助。我将规则解释了一下，他有了信心，同意去玩游戏。

10月30日：哈利德来找我，向我展示如何将管道穿过砖块，解释他所见到的现象。他将小汽车拿过来，展示汽车的特点。他滔滔不绝地说，表现出多个方面的知识。

11月20日：哈利德问我达伦是否在清洁时间负责管理椅子。

11月21日：哈利德问我利亚姆和保拉之间是什么关系。

12月1日：我指示哈利德去让其他儿童轮流玩绳子。他遵从了指令，多次来让我看他在玩绳子和轮胎时的表现。

12月15日：体能老师给了哈利德一些指引，他照做了。哈利德后来问了这个老师一个问题。

1月4日：哈利德向我讲述了一个在建筑玩具上的发现，同我分享成功。

1月10日：哈利德兴高采烈地向我展示他用黏土做的物品。

不难发现，上面这几段信息都指向哈利德与成人的关系。基于以上摘录的数段事例，该教师便能够对哈利德同成人互动的模式做出如下总结：哈利德同成人相处愉快，并将成人看作信息的资源，是可以与之分享发现和快乐经历的人。哈利德需要成人帮助时会轻松愉快地依赖成人。比如，10月21日，当他不想参加游戏时；11月21日，在小组活动中，当他拿不准利亚姆和保拉的关系时来询问。哈利德喜欢让成人欣赏他的活动，分享他对事物和知识的鉴赏力，但他对成人没有过分的依赖。他不常找老师寻求帮助，对女实习教师也是如此，老师不在身边便不去刻意找老师。在人际关系上具有自主性。哈利德同成人之间具有积极的关系，易于建立对成人的信任。在群体和个人情形中，他都能遵从成人的指示。❶

　　分类整理的维度有很多：我们可以按照观察对象进行分类，了解个案的各个方面的发展状况、行为模式、进步情况；我们也可以按照发展领域进行分类，了解某个领域的个体差异、发展变化；我们还可以按照活动环节进行分类，了解幼儿在活动环节的行为表现，反思活动组织以及环境布置。

　　在定期整理的过程中，我们还能够反思自己对哪些幼儿的关注不够，还需要观察幼儿哪些领域，还可以发现下一步需要深入观察的要点。这都将有助于我们系统地实施观察，并为信息的提取提供便利。表3-1为对张三幼儿的观察记录的整理。

表3-1　对张三观察记录的整理

记录编号	观察地点	观察情境	发展领域	备注
ZHS00120180903 进餐	教室	午餐	健康	
ZHS00120180907 点数葡萄	教室	点心	科学（数学）	
ZHS00120180915 讲故事	教室	午餐进餐	语言	
ZHS00120180918 冲突	户外	晨间锻炼	社会	

---

❶　[美]Dorothy H. Cohen、[美]Virginia Stern：《幼儿行为的观察与记录（第五版）》，马燕、马希武译，236页，北京，轻工业出版社，2017。

学习任务 3.2　幼儿行为分析的思路和原则

学习任务单

项目	内容	备注
学习目标	1. 掌握幼儿行为分析的两种基本思路 2. 能依据分析原则正确分析幼儿行为	
学习要点	1. 能根据《指南》和儿童发展理论分析幼儿的发展水平 2. 知道影响幼儿行为的内部因素和外部因素 3. 理解分析幼儿行为的原则 4. 能对幼儿的行为进行分析	
学习时数	2课时	
学习建议	1. 课前：结合平台资源、教材案例进行学习，完成相关测试题，并提出疑问 2. 课中：带着问题进行讨论，弄清预习中不懂的部分，并尝试操作 3. 课后：根据学习目标反思学习所得，并进行实践	
学习运用	可用于分析幼儿行为的依据	
学习收获与反思		学生填写

连线职场

菲菲今年4岁了，最近出现了结巴的现象，一说话就紧张，越紧张就越说不好，家长十分着急，总说孩子是结巴。

一天，菲菲正在画画，她想拿其他颜色的水笔，于是对妈妈说："妈妈，请帮我拿、拿、拿、拿水笔。"妈妈一听，生气地斥责道："怎么回事？又结巴了，说拿笔！"听到这话，菲菲情绪非常低落，低声重复妈妈的话说："拿笔。"

你如何看待菲菲的"结巴"行为？

学习驿站

幼儿行为的分析是让教师觉得很头疼的事情，很多教师都认为"行为分析和解读太难了！""行为解读是专家才能做的事情吧！""我拍了一堆照片、视频，写了一堆记录，但是不知道如何下手。""我分析了半天，但是也不知道自己分析得对不对。"……事实上，分析无时无刻不在发生。比如，你听到婴儿的哭声，你会想他是饿了吗？是太无聊了吗？还是受伤了？事实上这些都是对幼儿行为的分析，对于幼儿行为的分析结果也决定了我们会采取什么样的措施。在菲菲的案例中，菲菲出现了结巴现象，一说话就紧张，妈妈没有正确认识结巴这一行为，也没有给予正确的引导来缓解菲菲的紧张情绪。在实际的教育过程中，只有科学、合理分析幼儿行为背后的原因，才能给予适宜的引导来促进幼儿的发展。幼儿行为分析的角度是多元的，也没有标准答案，但对于初学者来说，掌握一定的分析思路和原则是必不可少的。

微课：幼儿行为的分析

▶▶ 一、幼儿行为分析的常见思路 >>>>>>>>

对幼儿行为的分析角度是多元的，比如，分析幼儿的动机、幼儿的发展水平、幼儿的学习方式、幼儿的个体差异等，当然也要结合我们的观察目的。在这里，我们主要介绍两种常见的分析幼儿行为的角度：

（一）分析幼儿各个方面的发展状况

通过前期的多次观察，全面获取了幼儿的行为信息之后，我们可以结合观察目的，参考儿童发展常模及各个领域的发展序列，分析幼儿在各个方面的发展状况。分析幼儿在各个领域的发展水平，一方面可以基于幼儿的发展水平，寻找幼儿的最近发展区，进行适宜其发展状况的引导，为后续的课程设计、环境创设等提供依据；另一方面能发现幼儿的优势和劣势、个体差异等，扬长补短，有针对性地进行差异化支持。此外，还可以初步识别幼儿的发展偏差，及时提供有必要的特殊服务或建议转介。

在分析的时候，我们可以采用要点分析和整体分析相结合的方式。正如我们在第一模块中所提到的，幼儿的行为和发展是一个整体，但为了便于我们认识和分析幼儿的发展，通常将幼儿的发展分为各个领域，按照不同的划分维度，有着不同的分类方式。图3-2是幼儿身心发展中常见的分类方式，图3-3是《指南》中关于幼儿学习与发展的领域划分，教师可以根据需要进行参考。

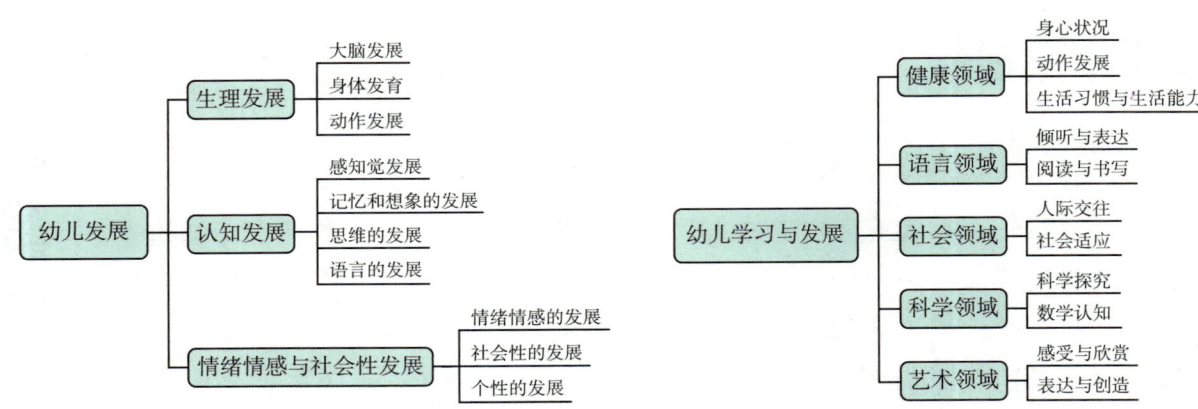

图 3-2 幼儿身心发展的常见分类　　　　图 3-3 《指南》中关于幼儿学习与发展的领域划分

以下案例为实习生记录的幼儿在区域游戏中的行为，并从学习品质、数学领域以及社会领域三个方面分析幼儿的发展状况。❶

表 3-2 幼儿区域活动的观察

观察对象：仔仔　　4 岁 5 个月　　男　　中一班
观察时间：5 月 13 日 9:30—10:00
观察情境：区域活动时间"棋牌区"
观察者：单老师

客观记录	分析
今天玩数字卡（点数卡）游戏的有仔仔和玲玲两个小朋友。仔仔先将桌上的数字卡分成两堆，一堆是"数字 5 以上"的卡片，另一堆是"5 及以下"的卡片。他一边分一边说："这些是大的数字，这些是小的数字，要分开放好。"分完后，他拿出一张蓝色的"7"和一张红色"7"，对玲玲说："你看，这两个'7'颜色不同，但数字是一样的，7 比 5 大，比 10 小哦。"玲玲点点头："对呀，我知道！" 随后，玲玲提议说："我们来玩一个更难的游戏吧！用两数字卡加起来凑到摇骰子的点数，谁先凑出来谁就赢。"仔仔同意了。第一轮，他们摇出点数"8"，仔仔立刻翻出一张"5"，再找出"3"，高兴地喊："5 加 3 等于 8！"玲玲很快找到"6"和"2"，说："我也凑出来了！"但到了后面，玲玲没有"2"牌时遇到了困难。仔仔建议："你可以用 1+1！"玲玲找遍数字卡发现只有一张"1"，于是问："那你能借我一个'1'吗？"仔仔摇头说："不行，我们要比赛，借卡片不算。"玲玲又尝试用减法，他们组合了好几张数字卡，但没注意到可以用"9−7＝2"。 玲玲忽然发现："用 6 和 5 减就可以得 1，加上另一张'1'不就等于 2 了吗？"仔仔觉得有些奇怪，玲玲用手指着卡片耐心地解释："这是 6，减 5 等于 1，加'1'就等于 2 啦！"仔仔认真数了一遍，惊喜地说："真的可以！"他们继续玩游戏，仔仔出"6"，玲玲急忙出了"9"，两人争论起来："这是'9'！""才不是，是'6'！"我建议他们重新数卡片，两人数了一遍后发现仔仔对了，玲玲不好意思地笑着认错。	通过观察仔仔和玲玲在游戏中的表现，可以发现两位幼儿在以下几个方面的发展状况。 1. 学习品质 愿意选择有挑战性的材料，能持续专注地投入玩 30 分钟以上。 数学核心经验的发展 (1)仔仔能够依据大小将卡片分组，并清晰区分"5 以上"和"5 以下"，展现了对数字分类和比较大小的掌握。 (2)能用点数的方式对物体进行计数，会按数取物和按物取数，但当数量比较大的时候，会出现错误，如将 9 数成 6。 (3)能进行小数量的分解和组合，并且尝试用加减法进行数量的分和，但对 5 以上的减法或者三个数的加减就不熟练了，需要用一一点数的方式进行加减。 3. 社会性 (1)有遵守规则的意识，在游戏中遵守游戏规则，并要求同伴一起遵守。 (2)同伴遇到困难时，会主动帮助同伴一起寻找解决问题的方法。 (3)和同伴发生冲突时，能在成人的引导下和平解决。

❶　选自杭州科技职业技术学院 2017 级中高职一体化五年一贯制学生实习作业。

在了解幼儿各个方面发展的基础上，我们可以全面了解幼儿的整体发展。图 3-4 是对一个四岁幼儿进行全面观察，然后用图表的方式对其现有的表现水平进行了表征。从图中我们可以大致了解到该幼儿的兴趣、偏好和发展优势及整体发展状况。在健康领域中，他的身心状况是强项，但其动作发展略有不足。为什么呢？把每个目标下的表现联系起来看，观察发现，在目标"生活习惯与生活能力"的表现中，他不太"喜欢参加体育活动"。从图中我们还发现其在语言的"倾听与表达"上有点欠缺，因为我们观察到他不太"愿意在熟人面前说话"，与别人说话时总爱低着头。这样的表现可能是因为其性格比较腼腆。因为我们在对其社会人际交往的观察中发现，他很想加入同伴的游戏，就是不好意思开口。而这些在语言和社会两个领域的表现之间是有内在联系的，可能是与该幼儿的性格有关。从图中我们还发现该幼儿在艺术领域有三个目标都只有一半实现，是否他在艺术方面有偏好呢？这就需要我们进一步对他进行观察了解，对其具体的表现做细致分析，看他的偏爱是什么。❶

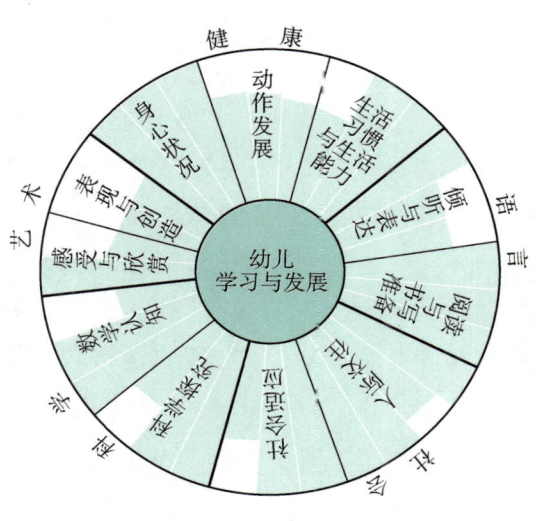

图 3-4　幼儿个体的整体发展状况

我们在比较完整地了解每个幼儿的发展状况基础上，还可以对全班幼儿做一个综合分析和概括，了解幼儿之间的共性和差异，以了解班级幼儿的整体发展状况。

当然我们不可能在一次观察中了解到幼儿各个方面的发展水平，在一次观察中，我们可以根据观察目的，选取其中的一项或几项，作为重点的分析内容。在对幼儿进行多次观察之后，能更加完整地了解到幼儿各个方面的发展状况。

想一想

要准确分析幼儿的发展水平，你需要具备什么专业知识？

（二）分析幼儿行为产生的原因

我们除了要了解幼儿的发展水平、行为表征之外，还需要理解幼儿产生该行为的原因，深入分析幼儿行为背后的影响因素，从而有针对性地实施干预。一般来说，影响幼儿行为的因素包括内部因素和外部因素两大类，在分

---

❶ 李季湄、冯晓霞：《〈3—6 岁儿童学习与发展指南〉解读》，186～188 页，北京，人民大学出版社，2013。

析幼儿的行为时，需要综合考虑这两大因素。以下介绍几种常见的影响因素：

1. 内部因素

(1) 心理特征。

气质这一心理特征是影响幼儿行为表现的重要因素。气质作为一种内在的体质性因素，在一定程度上决定了幼儿行为发展的倾向。气质自幼儿出生开始就显现出来。每个人都有自己的气质特征，这种差异性是理解行为问题的基础。例如，抑郁质的幼儿往往有更深刻的思维品质，易于发展为抑郁、内倾的性格，而胆汁质的幼儿往往表现出更多的冲动行为。

(2) 幼儿生理、心理的发展水平。

幼儿生理、心理的发展水平也是影响其行为发展的重要内在因素。例如，大脑皮质抑制机能的成熟是幼儿自我调节能力的生理前提。幼儿的大脑皮质抑制机能还不成熟，兴奋过程占优势，因而幼儿的行为往往表现出很强的冲动性。随着年龄的增长、生理发展不断成熟，幼儿对冲动行为的调控能力也逐渐增强。年龄越小，我们越需要考虑幼儿的身心成熟程度，这样我们才能理解幼儿的行为，并对其有合理的期待。

(3) 性别。

幼儿性别是影响幼儿行为表现的另一内部因素。男孩和女孩在心理能力和个性特征上有一定的差异性。研究表明，男孩和女孩在语言能力、数学能力、空间能力、情绪敏感性、活动水平、攻击性及发展问题等方面均存在差异。例如，女孩比男孩往往更胆怯、更顺从，而男孩的支配性和独断性相对更高；女孩显示出更快的早期语言发展；活动水平方面男孩比女孩更高等。

(4) 出生顺序和兄弟姐妹。

出生顺序和兄弟姐妹也影响着幼儿行为发展。幼儿在家庭中的出生顺序是影响他们需要、发展甚至行为的一个重要因素。现阶段，我国在城市出生的幼儿绝大多数都是独生子女，在这些家庭中，父母往往对幼儿给予很高的期待、集中的关注和爱护、更优裕的物质生活条件。当然，父母对幼儿的要求也更为严格，这可能会使得孩子形成依赖性、变得自私、不易于融入群体。随着国家二孩、三胎政策的开放，一些家庭开始迎来第二、第三个孩子。国外一些研究表明，很多第二个出生的孩子和第一个孩子相比有着截然不同的特征和行为。同时，随着弟弟或妹妹的出生，第一个出生的孩子会感到他们的优势地位受到威胁，会产生嫉妒、羡慕和排斥的情感，并导致他们表现出寻求关注的退行行为。

2. 外部因素

外部因素主要包括家庭因素、幼儿园因素、社会环境因素等。

(1) 家庭因素。

家庭环境是影响幼儿行为发展的重要因素之一。大量研究表明，家庭教养方式、亲子依恋关系、父母之间的关系及家庭经济状况等都会对幼儿的行为产生影响。

①家庭教养方式。

戴安娜·保姆林德提出了家庭教养方式的两个维度：家长向幼儿提出的要求和家长对幼儿的责任。这两个维度组合产生了权威型、专制型、放任自流型和漠不关心型。在权威型的教养方式下的幼儿在童年期往往具有活泼、愉快的情绪，较高的自尊和自我控制能力。

②亲子依恋关系。

幼儿在学前期最重要的一个需要是和他的父母形成安全的依恋关系。美国心理学家艾斯沃斯将幼儿的依恋模式分为安全型依恋、回避型依恋和矛盾型依恋，后两者统称为不安全依恋。研究显示，在学前期不安全的依恋与其后期的问题行为之间存在较强的关联。如矛盾型依恋的幼儿比较容易成为攻击的受害者，他们会被情绪左右，一旦失败容易崩溃；而回避型依恋的幼儿很难与同龄人相处，不大会表达自己的情感和愿望，还会爆发攻击性行为。

③父母之间的关系。

家庭氛围对幼儿有深刻的影响。例如，幼儿容易受父母公开争吵的干扰，特别当这种争吵与自己有关时，对幼儿的影响更大。同时，父母离异对幼儿造成的影响也很大，如果处理不当，常常会使幼儿产生许多行为问题。

④家庭经济状况。

一般而言，家庭经济状况较好的家庭，幼儿的语言、适应能力和智力的发展比家庭经济较差的家庭好。在经济状况差的家庭中，幼儿的社会交往机会少，容易产生抑郁。父母的文化水平也影响幼儿发展，一般而言，父母文化水平低，育儿技能相对更差，更容易造成幼儿行为问题。

(2) 幼儿园因素。

幼儿进入幼儿园之后，大部分的时间是在幼儿园中度过，幼儿园如同家庭一样，对幼儿的发展起着重要作用。研究表明，幼儿教师、同伴、幼儿园环境是其身心发展的重要影响因素。

①幼儿教师。

教师作为幼儿重要的学习与模仿对象，作为幼儿学习的指导者、促进者和引导者，对幼儿行为的影响很重要，主要表现在如下几个方面。

师幼关系是影响幼儿身心发展的重要因素，研究表明，良好的师幼关系能够增强幼儿的安全感、自信心及探索精神，能增强幼儿对新环境的适应能力，能促进同伴关系的发展能力，有助于幼儿自我概念和社会性的发展。

教师对幼儿指导的观念也是影响幼儿行为发展的又一重要因素。很多情况下，教师对幼儿行为造成消极的影响，往往是由教师的不当观念所致。迪克梅尔指出教师五种不适宜的观念会影响幼儿行为发展，分别是"我必须控制""我是监控者""我被赋予权利""我不在乎""我必须追求完美"。❶ 这些观念显然不利于幼儿良好行为的发展,教师只有形成民主、平等、信任、尊重、积极关注幼儿的教育理念,才能促进幼儿行为积极发展。

幼儿天生爱模仿,教师经常成为幼儿模仿的对象。教师的榜样也是影响幼儿行为发展的重要因素之一。教师的榜样作用主要体现在两个方面:一是教师自身的言行举止为幼儿提供良好的学习榜样,如有的教师态度温和,待人温文尔雅,教师所带的班级也显得安静。二是教师不仅自己为幼儿树立榜样,而且还要引导幼儿模仿、学习其他榜样。

②同伴群体。

随着幼儿年龄的增长,同伴在幼儿的社会性发展中起着越来越重要的作用。3岁左右幼儿就会在游戏中互相模仿对方的举止和行为,到5岁时,他们就会选择去加入同伴的群体活动,并且开始渴望被同伴需要和接纳。同伴不仅提供了行为的榜样,而且还会积极强化某些行为。同伴群体一般明确规定了哪些行为是被接受的,哪些行为是不被接受的。

③幼儿园环境。

幼儿园环境包括心理环境和物理环境。和谐、轻松、愉悦的心理环境能给幼儿积极的情绪体验。物理环境,如空间安排、活动器材等也会影响幼儿的活动范围、活动方式等,进而影响幼儿身心发展。因此,教师也要经常评估环境对幼儿行为的影响,为幼儿营造适宜的成长环境。

(3)社会环境因素。

社会环境,如幼儿的民族文化背景、大众传播媒介也影响着幼儿行为表现。尤其是大众传媒对儿童行为的影响不容忽视。现今,电视、电子游戏、网络已成为幼儿生活中触手可及的普通物品。这些媒体对幼儿的影响力比几十年前大得多。媒体网络信息质量参差不齐,而幼儿没有明辨是非的能力,很容易受不良信息的影响。班杜拉的波波玩偶实验强化了幼儿受媒体影响的观点。当然,大众传媒对幼儿也有积极的影响。电视节目可以促进幼儿早期语言、识字、算术等能力的发展。许多电视节目还包含了合作、互助、安慰等亲社会的行为,能够帮助幼儿理解一些社会问题,并向他们传递一些社会认可的价值观。

小资料

班杜拉波波玩偶实验

此实验开始于1961年,1963年和1965年又进行了深入研究,班杜拉以幼儿为被试开展著名的波波玩偶实验,实验中,班杜拉让三组幼儿分别观察现实、电影和卡通片中的成人对玩具娃娃的攻击行为,然后给幼儿提供类似的情境。结果发现,三组幼儿通过观察成人的行为都产生了暴力行为。

---

❶ 姜勇等:《儿童发展指导》,62~64页,北京,北京师范大学出版社,2004。

二、幼儿行为分析的基本原则

幼儿行为分析的原则即在分析幼儿行为过程中所采用的行为准则,这种行为准则是建立在幼儿教育评价的科学理论及幼儿发展科学理论的基础之上的,以促进幼儿发展为根本目的。❶ 作为教育工作者,分析幼儿的行为,应该注意以下原则:

(一)幼儿立场的原则

幼儿由于身心发展状况、生活经验等与成人有相当大的区别,因此,在视线、思维方式、兴趣、动机、具体行为等各个方面与成人有诸多不同。我们在分析幼儿的行为时,应更多地站在幼儿的视角来看待,这样才能更好地理解幼儿的行为。请大家看下面这则案例:

在一次从杭州到上海的火车上,我的对面坐着一位奶奶、妈妈,还有一个三四岁的小男孩。车程大概两小时,小男孩要求在过道上走,妈妈以不安全为由,拒绝了小男孩的要求,小男孩大哭起来,妈妈没有办法只好牵着小男孩到处走走。过了一会儿小男孩又说要出去走,妈妈拒绝了他,小男孩又大哭起来。妈妈生气地说:"你怎么这么不听话,好好坐着不行吗?"小男孩哭着哭着睡着了。快到站时,广播提醒旅客们做好下车的准备。这时,很多旅客包括这一家三口都站了起来,走在过道上,过道上站满了人。那位妈妈手里拿着很多行李,孩子被奶奶牵着。过了两分钟,孩子叫嚷着让奶奶抱。妈妈说"马上就到了,奶奶累了,你站会儿"。孩子呜呜地哭着,又过了两分钟,火车还没有停下,男孩大哭起来。妈妈受不了了,放下行李,一把抱起孩子,打了孩子屁股两下,孩子哭得更响了。

这样的场景在生活中非常常见,案例中的男孩为什么不能跟我们一样好好坐在座位上呢?明明快要下车了,为什么还得非要让奶奶抱呢?如果我们站在幼儿的角度,便能够理解这一行为。在漫长的两小时里,我们成人一直坐着有时还会腰酸背痛,如果这段时间没事情可做更会觉得无聊,而幼儿是更加活泼好动的,一直坐在座位上无所事事,幼儿坐不住想出去走是一种正常的需求。在下车时,拥挤的环境会让我们觉得不舒服,而比我们更矮小的幼儿(见图3-5),看到的都是成人的腿、行李,感受到的是更压抑的环境,两分钟又两分钟的时间让幼儿觉得格外漫长,让幼儿感到不安,因此提出让奶奶抱的请求。

图3-5 幼儿视角的地铁

(二)整体性原则

幼儿行为分析的整体性原则体现在分析内容的全面性、整体性。《纲要》指出,"各领域的内容相互渗透,从不同的角度促进幼儿的情感、态度、能

---

❶ 王晓芬:《幼儿行为观察与分析》,113页,上海,复旦大学出版社,2019。

力、知识、技能等方面的发展",要"全面了解幼儿的发展状况,防止片面性,尤其要避免只重知识技能,忽视情感、社会性和实际能力的倾向"。可见,幼儿教育的根本任务在于促进幼儿各方面协调发展。所以分析幼儿的行为,也应考虑幼儿的全面发展。我们看下面这个案例。

在一次中班绘画活动中,教师要求孩子们画一张洗澡的人。老师在强调了绘画要求之后,请小朋友回到座位上,根据老师的要求画画。这时,丁丁在纸上画了一个坐在浴缸里洗澡的小人,并且还画了很多小玩具和洗浴用品,画面上还有很多的小泡泡,画面非常丰富,他还给自己的画涂上了漂亮的颜色,很满意地点点头之后,就拿去给老师看。老师看着他的画说:"你这个小人的手臂画得短了一点,头应该再画得大一点……"丁丁拿着画失望地回到座位,默默地把画收了起来。

在该案例中,教师分析幼儿绘画作品时,只重视绘画作品的技巧,没有重视幼儿的想法及在绘画作品中表达的情感体验。教师仅仅是用成人的审美来评判幼儿的作品,这样的做法不利于幼儿自信心的培养。

(三)发展性原则

发展性原则一方面要求教育者准确认识幼儿行为背后的学习与发展;另一方面,我们要以发展的眼光看待幼儿的发展,关注幼儿能做到的方面,并且充分理解和尊重幼儿发展过程中的个别差异,支持和引导他们从原有水平向更高水平发展,按照自身的速度和方式达到《指南》所呈现的发展"阶梯",切忌用一把"尺子"衡量所有幼儿。作为教育者,我们不能热衷于对孩子的行为表现进行排名,或者是给孩子贴标签,而是要看到幼儿的闪光点,正确理解幼儿行为的不成熟,用科学合理的方式来促进幼儿各方面的发展。正如前文菲菲的案例中,妈妈给孩子贴上了"结巴"的标签,孩子心里对说话有了紧张感,自然不容易进步。妈妈应该多看到幼儿已经做到的部分,理解幼儿说话"结巴"的原因,并进行正向引导。如当孩子不断重复一个字的时候,妈妈可以提醒她:"别着急,慢慢说,想好了再说。"当孩子说出了流利的句子时,就鼓励孩子:"慢慢说,说得真好!"

(四)科学性原则

幼儿行为分析的科学性原则是指幼儿行为分析的标准制订、行为信息的收集等方面都应是多元的,要确保能正确、全面、客观地反映幼儿真实的发展水平。[1] 第一,应基于观察记录进行分析。在分析幼儿的行为时,反复阅读原始资料,回归到客观事实,而非依据自身对幼儿的看法进行解释。第二,应基于对幼儿的多次观察,谨慎下结论。比如,我们看到有个中班的幼儿不把自己的玩具给其他幼儿玩,我们不能直接判断这个幼儿不会分享,但如果

---

[1] 王晓芬:《幼儿行为观察与分析》,114 页,上海,复旦大学出版社,2019。

我们观察到这个幼儿在这几周的各个活动中，都不愿意把任何玩具给别人玩，我们或许可以判断，这个幼儿还不会与他人分享。不同观察者或同一观察者在一天中的不同时间段，或者几天内的重复观察有助于增强解释的可靠性。第三，多元主体交流。每个人对幼儿行为的分析会受到主观偏见的影响，幼儿在园和在家有可能所呈现的行为也会有所不同，因此，可以与班级教师团队、家长、幼儿自身以及专家团队共同分析。多元主体的分析有助于全面、客观地解释幼儿的行为。第四，对幼儿行为分析方法应尽可能将量化分析和质性分析相结合，交叉使用，充分发挥各种研究方法的优势，使幼儿行为分析的结果更加科学、合理化。

议一议

蒂姆，7岁。他的老师不喜欢蒂姆整天缠着她，不喜欢他一次又一次哭哭啼啼地叫着"老师，老师"。当蒂姆抠鼻子和把鼻涕纸团成小球时，这位教师感到非常恶心。

有一天，这位教师带来了沙子和网眼大小不一（细、中等、粗）的筛子让儿童探索，想把它作为儿童发展课程的一项练习活动。该教师记录了包括蒂姆在内的一组儿童使用沙子的情况。记录中包含蒂姆的话语："嘿，当洞大一些的时候，沙流出来得更快！"在关于课程的讨论会上，这位教师朗读记录时略过了这句话，其他几位该课程的成员提醒她注意蒂姆的发现。这位教师先前对蒂姆做出的判断妨碍了她发现这个儿童的表现。❶

请与同伴讨论，分析案例中教师的行为，你认为有哪些因素会影响我们对幼儿的判断？

小试牛刀

云测试：小试牛刀

小南今年5岁，已经上大班了。爸爸妈妈工作忙，小南一直由姥姥、姥爷带着，接送上幼儿园。老人一直对小南宠爱有加，百般呵护，生怕磕着、碰着，没法向女儿交代。妈妈出于对孩子的亏欠感，总是对他百依百顺，有求必应。虽然家里的玩具很多，但小南总是看到什么就要买什么。爸爸却认为要对孩子严加管教，做法显得简单、粗暴，平时小南任性、不听话时，爸爸就动手教训他。但是，到了幼儿园里，小南看到别人玩什么，他就要玩什么。别人不给他就直接抢、推搡，甚至打闹起来时还咬小朋友，幼儿园里的小朋友都不愿和他玩。幼儿园老师多次教育批评他，都不管用。无论是妈妈讲道理还是爸爸体罚，他仍我行我素。

你如何看待小南的行为？请对小南的行为进行分析。

---

❶ ［美］Dorothy H. Cohen、［美］Virginia Stern 等：《幼儿行为的观察与记录（第五版）》，马燕、马希武译，北京，轻工业出版社，2017。

学习任务 3.3 运用《指南》和儿童发展理论分析幼儿行为

学习任务单

项目	内容	备注
学习目标	1. 理解《指南》和儿童发展理论对幼儿行为观察与分析的意义 2. 能运用《指南》和儿童发展理论对幼儿行为进行分析 3. 了解儿童发展基本理论 4. 能运用儿童发展理论科学解读幼儿行为	
学习要点	1. 熟悉《指南》的基本内容 2. 运用《指南》全面分析幼儿的发展水平 3. 掌握常见的儿童发展理论 4. 运用儿童发展理论解释幼儿的行为	
学习时数	1课时	
学习建议	1. 课前：结合平台资源、教材案例进行学习，完成相关测试题，并提出疑问 2. 课中：带着问题进行讨论，弄清预习中不懂的部分，并尝试操作 3. 课后：根据学习目标反思学习所得，并进行实践	
学习运用	可用于分析幼儿行为的依据	
学习收获与反思		学生填写

连线职场

中班下学期，孩子们开始学习用筷子吃饭了。今天，在餐前准备时，刘老师再次向孩子们说明了用筷子吃饭的注意事项，请孩子们拿起筷子吃饭。许多孩子用筷子吃了起来，只见周子惠小朋友把筷子一把抓，用力往嘴里扒饭，动作很别扭，不协调。显然她还不会使用筷子吃饭，但是看见别的小朋友都用筷子，也想学着使用筷子，结果搞得一团糟。于是，刘老师给她配上了一把勺。可是同班的张老师却不同意，因为《指南》指出 4~5 岁幼儿"能用筷子吃饭"。如果提供了勺子，幼儿不就更不会用筷子了吗，应当训练子惠用筷子才对。

请对两位教师的教育行为进行分析并说明原因。

学习驿站

平时的观察中,我们常常收集好了观察资料却不知从何分析,或者对自己做出的评价持怀疑态度。《指南》按领域和年龄阶段详细地列出了幼儿每一年龄阶段的发展特点和目标,这能够帮助观察者构建分析幼儿行为的框架,直观了解幼儿的发展特点,正确科学地评价幼儿行为。而儿童发展理论,尤其是那些经过实践验证过的经典理论是目前来说相对较为科学的幼儿发展规律,如果观察者能够用这些理论"武装"自己的头脑,就可以对幼儿的行为做出一个相对准确的判断,从而更加科学地指导教育教学行为。❶

小资料

《指南》全称《3—6岁儿童学习与发展指南》,于2012年10月9日由教育部正式颁布,旨在指导幼儿园和家庭实施科学的保育和教育,促进幼儿身心全面和谐发展。

《指南》从健康、语言、社会、科学、艺术五个领域描述幼儿的学习与发展,每个领域按照幼儿学习与发展最基本、最重要的内容划分为若干方面。每个方面由学习与发展目标和教育建议两部分组成。

▶▶ 一、科学运用《指南》分析幼儿的行为 >>>>>>>>

(一)运用《指南》分析幼儿的发展水平

《指南》分为五大领域、11个子领域、32项目标,在每一目标下罗列了三个年龄段的典型表现,为我们分析幼儿的发展提供参考。下面我们以小小为例说明如何运用《指南》分析幼儿行为。表3-3是李老师的观察记录。

表3-3 小小观察记录

幼儿姓名:小小	性别:女	编号:01
年龄:3岁5个月	观察日期:2020年10月16日	
开始时间:11:15	结束时间:11:45	
地点:幼儿园小一班	观察者:李老师	

观察目标:
1. 观察小小是否存在吃饭挑食的现象。
2. 了解小小使用餐具的情况。

观察记录:

今天午餐吃的是青菜和肉丸,小一班大多数小朋友都在安静地独立进餐。可是小小却一直把勺子含在嘴里,不吃饭。我走过去问她:"小小,怎么不吃饭呢?不吃饭就不能和其他小朋友去玩积木了。"小小说:"好吧,我吃。""那把勺子拿好,到碗里舀饭菜,好不好?"我一边说一边把她的勺子从嘴里拿下来,放在她手里。

过一会儿,我再去看她时,发现她只是拿勺子在舀饭吃,每一勺都仅仅舀少量几粒米。我说:"我们要一口饭、一口菜地吃,不要光吃饭或者菜,这样才能有营养,长得高哦。"小小看了看我,开始用勺子舀菜吃。只见她把青菜拨到了一边,

---

❶ 谢弗:《儿童发展心理学》,32页,北京,电子工业出版社,2010。

续表

慢慢地舀起肉丸往嘴边送，可是小嘴刚碰到肉丸就掉下去了。她开始想直接用手拿肉丸吃，被我制止了。于是小小继续用勺子舀肉丸，可尝试了两次还是失败了。于是我帮她把肉丸用小勺捣碎让她吃，看着她成功舀了一块碎肉丸放进嘴里后才离开。

20分钟快过去了，其他小朋友都跟着王老师去散步了，而小小还在那里吃。她的饭已经吃完了，可是菜几乎没动。我走过去问："小小，还要吃吗？"她看着我点点头。我说："要加快速度哦，不然菜都快凉了。"她听完后就把小勺递给我，想让我喂她吃。我把小勺放回她手里，说："小小，你已经上幼儿园了，可以自己吃饭了，老师在这里看着你吃。"她听后只能自己把饭菜一点点地吃完。

通过李老师的观察记录，我们可以结合《指南》对小小的进餐情况进行分析。

首先，小小是否存在挑食的现象。案例中，小小一开始只是含着勺子，不吃饭，在老师提醒后，小小开始舀饭吃。但是过了一会儿，李老师发现他只是舀几粒米，没有吃菜，于是老师继续提醒"我们要一口饭、一口菜地吃，不要光吃饭或者菜，这样才能有营养，长得高哦"。听到提醒后，小小也开始舀菜吃。《指南》指出，在进餐方面，3～4岁幼儿的典型表现是"在引导下，不偏食、不挑食"。案例中小小能在老师的提醒下，可以每样菜都吃，并没有表现出挑食行为。而且《指南》也提出，幼儿刚进入幼儿园，还没有养成自觉主动吃饭的好习惯，并不是真的挑食。可见，小小并不存在挑食的问题。

其次，在使用餐具方面，从手的精细动作发展来看，小小在李老师的提醒下开始使用勺子舀饭和菜，但动作不熟练。比如，舀饭只能舀几粒米，青菜舀不起来，肉丸舀了几次，但都掉了，需要老师捣碎后才能舀起来吃。《指南》在健康领域关于"手的动作灵活协调"这一发展目标指出，3～4岁幼儿的典型行为是"能熟练地用勺子吃饭"，可见，小小用勺子吃饭的动作显然没有达到熟练的标准。下面是李老师对小小进餐情况的分析和评价。

从今天观察的情况看来，在老师督促进餐的情况下，小小能够独立进餐，在老师的提醒下可以做到不偏食、不挑食，只是进餐速度比较慢。可见，小小基本能够达到《指南》在健康领域"具有良好的生活与卫生习惯"这一目标中提出的"在引导下，不偏食、不挑食"。

小小进餐速度比较慢是因为她的精细动作发展不够，她还不能自如、灵活地使用勺子进餐。结合《指南》在健康领域提出的"手的动作灵活协调"这一目标，3岁末期发展典型行为是"能熟练地用勺子吃饭"，可见这是小小在这个阶段可以学习提升的方面。

与同班的幼儿相比，小小的生活自理能力有待提高。在挑食方面，小小并不存在明显的挑食现象，只是在目前的发展水平下进餐仍需要成人的引导。在使用餐具方面，小小不能熟练地使用勺子吃饭，手部的精细动作还有待发展。

当然，值得说明的是，《指南》中列举的是幼儿各年龄段的典型表现，也就是比较常见的、典型的、具有重要意义的表现，而非唯一的、标准化的指标，更不能以此为标准对幼儿进行专项训练。因此，对于教师来说，需要将这些典型表现放到目标中理解，寻找幼儿能够体现这一目标的不同的具体行为，并理解幼儿的个体差异。对于《指南》中"典型表现"的理解，我们可以扫描二维码进行查看。

文本：对《指南》中"典型表现"的理解

（二）运用《指南》全面分析幼儿

幼儿的发展是一个整体，我们以下列案例来说明如何利用《指南》更加全面地分析幼儿的行为。

区域活动时，超超、成成和雯雯都选择玩拼图（见图3-6），成成和雯雯合作玩蘑菇拼图，超超则独自玩耍。成成和雯雯拼得很快，拼好后，跑来看超超，雯雯问："你拼的是什么？"超超低头没有理会。雯雯接着说："你拼的和我们拼的不一样。"超超仍低头不语。成成便用手动了动拼图，拼图因此挪动了位置。超超马上一脸不高兴，把拼图重重扔在地上，一边踢脚蹬腿，一边高声哭喊着："都是你动……动坏了，你动的……"❶

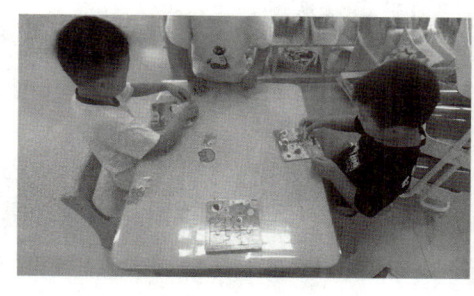

图3-6 幼儿拼图（资料来源：三桥幼儿园）

看到这样的情景，你会如何看待这三个幼儿呢？

显然，观察者所记录的人物表现较多地涉及社会领域。如果我们没有全面地理解和掌握社会领域的整体，很可能会把分析重点放在超超身上，有可能认为"超超在这次交往中很被动，不仅不理会小朋友的主动交流，而且还不满他们动拼图的行为，出现破坏性行为（摔东西）、踢脚蹬腿的行为、高声哭的情绪以及埋怨的语言。超超的表现说明他没有或不愿意理解他人的交往意愿（主动找自己说话）；没有理解他人的行为（只是不小心弄乱，不是故意的）；遇到问题，不能较好管理自己的情绪，反应过激；交往语言欠缺，没有利用语言与同伴沟通，以表达自己的想法"。如果我们从幼儿的整体来看，对超超做一个比较全面的分析就会有客观而积极的评价。例如，超超注意力非常集中，雯雯两次说话都没有理会，专心做自己的事情，这是一个很好的学习品质。在社会领域中的人际交往的目标3"具有自尊、自信、自主的表现"中有"自己的事情自己做，不会的愿意学"的典型表现，而在社会适应子领域的目标2"遵守基本的行为规范"有一个典型表现是"能认真负责地完成自己所接受的任务"。超超正在做自己的事情，正在努力地完成自己的任务，最终因受到不断的干扰而动怒。如何对此做出分析评价呢？让我们来看下雯雯和成成的

> 学习笔记

---

❶ 王烨芳：《学前儿童行为观察与分析》，130～131页，南京，江苏教育出版社，2012。

行为，虽然他们想主动帮助别人，但采取的行为方式是否恰当呢？尤其是成成，在没有得到允许就动别人的东西好吗？所以，我们在对幼儿做分析评价时，要整体地看待，而且要在具体情境中分析。如果我们单纯地看单个的行为而不问其发生的脉络和缘由，就会得出有偏颇的结论。❶

云测试：做一做

> **做一做** ▶▶▶▶▶▶
> 请扫码查看视频，根据《指南》说一说我们可以从哪些方面观察锡坤（2岁半）的发展状况。

视频：锡坤的行为

学习笔记

二、运用儿童发展理论解释幼儿的行为

我们在"儿童发展心理学""幼儿游戏与指导"，以及各个领域教法课等课程中学到过诸多关于儿童发展的理论，这些理论从不同角度解释了幼儿发展的普遍特点和规律。在这门幼儿行为观察课程中，我们需要在遇到幼儿具体的行为时，能够提取已有的儿童发展理论，为我们解释幼儿的行为提供理论依据。幼儿的认知、情感及社会性的发展是幼儿发展的重要方面，以下我们主要从这三个方面介绍如何用儿童发展理论解释幼儿的行为。

（一）幼儿认知发展水平的理论解读

根据皮亚杰的认知发展理论，0～2岁婴幼儿的认知发展水平处于感知运动阶段，主要依靠个体的动作去适应环境。2～7岁幼儿的认知发展水平处于前运算阶段。到了该阶段，随着个体语言的快速发展，幼儿常常借助表象符号（语言符号与象征符号）来代替外界事物。幼儿开始从具体动作中摆脱出来，凭借各种事物的表象进行思维活动。另外，这一阶段的幼儿思维具有"自我中心性"的特点，即该阶段的幼儿只能从自己的立场和想法去认识事物，而不能站在他人的立场和角度去认识事物。表3-4是M老师对小班幼儿琳琳在区域活动中的行为表现进行的记录，我们以此例来说明如何运用认知发展理论解读幼儿行为。

> **小资料** ▶▶▶▶▶▶
> 认知又称认识，指个体认识外界事物的过程，或者是对作用于人的感觉器官的外界事物进行信息加工的过程。包括感觉、知觉、注意、记忆、思维、想象、语言等。

---

❶ 李季湄、冯晓霞：《〈3—6岁儿童学习与发展指南〉解读》，183页，北京，人民大学出版社，2013。

表 3-4　琳琳观察记录

幼儿姓名：琳琳	性别：女	编号：02
年龄：3 岁 2 个月	观察日期：2016 年 10 月 14 日	
开始时间：9:40	结束时间：10:00	
地点：小二班	观察者：M 老师	

观察记录：

　　琳琳在这次区域活动中选择了当一名美发师，她拿了一条大毛巾、一把玩具剪刀和一台玩具吹风机等材料开始布置理发厅。当客人到来后，琳琳发现自己的理发厅提供的材料不够，她拿大毛巾为客人包住头发后，就没有毛巾帮客人擦脸了。于是，她掏出自己的小手帕，用它假装为客人擦脸。当用小手帕为客人擦完脸后，她又拿了个篮子假装是水槽，将手帕洗干净后再继续使用。

　　过了一会儿，正在理发厅理发的小男孩强强哭了起来。琳琳跑过来对我说："M 老师，我刚刚在为强强剪头发时，剪刀不小心划到他的脸了。"我走过去仔细看了看强强的脸，发现有些泛红，但是没有划破，于是我对琳琳说："你划到了强强的脸，需要跟他道歉。下次要小心一点哦。"琳琳向强强道歉后，对强强说："我书包里有小贴画，我送给你一张，你别哭了，可以吗？"强强破涕为笑。琳琳从自己的小贴画中选择了一张珍珠项链的贴画递给强强，说："这是我最喜欢的贴画了，送给你吧。"可是强强皱着眉头问："还有别的贴画吗？"❶

　　在该案例中，琳琳用手帕代替毛巾，用篮子代替水槽，琳琳能够根据物体形象的相似性将不同事物联系起来，体现了用另一种物品替代原有物品的象征思维阶段。另外，琳琳在向同伴道歉时送给同伴强强的礼物是自己最喜欢的物品，但是没有考虑到送礼物的对象是小男孩，可能不喜欢珍珠项链的贴画，这体现了幼儿自我中心性的思维特点。另外，皮亚杰认为，在假装游戏中，幼儿有三个进步：第一，随着时间的推移，假装游戏和与之有关的真实生活情境分离。例如，两岁不到的幼儿进行假装游戏时，多模仿、不灵活。两岁后则较少用真实事物进行游戏，幼儿会把积木当成遥控器、电话来使用。第二，在游戏中，幼儿的自我中心倾向减弱。第三，游戏中包含更复杂的图式组合。幼儿逐渐能理解较为复杂的角色间的关系及情节。因此，处于前运算阶段的幼儿需要形象的、具体的、生动的场景，以及活动材料，有趣的活动形式和内容，在教育教学中老师要注重假装游戏的作用。

　　我们将 M 老师对琳琳的观察进行如下分析：

　　大部分幼儿在游戏中比较喜欢直接使用已提供的道具或材料，替代物的使用现象较少，几乎都以教师提供的材料为主。但是琳琳在游戏时，发现没有毛巾时，能想出用手帕代替，没有水槽用篮子代替，主动找寻替代物。一方面，这体现了她的认知水平已经达到了前运算阶段的象征思维阶段，符合这一阶段幼儿认知水平发展的一般规律；另一方面，也体现了幼儿较高的游戏自主性水平。在向同伴道歉的事件中琳琳为同伴选择的礼物体现了她认知发展水平的自我中心的特征，只会从自己的角度去认识事物，而不能从他人

---

❶ 李晓巍：《幼儿行为观察与案例》，31 页，上海，华东师范大学出版社，2016。

的角度去考虑事情。

该年龄段幼儿的认知发展水平已进入了前运算发展阶段，因此在假装游戏中有了"替代"的需要与行为。但是，在游戏中，我发现提供的材料大多是教师提供的成品，幼儿需要替换的场景不够充分。因此，除了丰富幼儿相关经验外，还可以提供一些半成品或是在游戏中可用来替代的材料、道具等，放在百宝箱中供幼儿自由选择。同时也可以启发幼儿发挥想象力，以班上的多种玩具材料充当游戏中所需要的物品。教师也要多鼓励幼儿主动寻找替代品，从而促进幼儿象征性思维的进一步发展。

另外，对于幼儿自我中心的表现，也可以采取多种措施帮助幼儿减弱自我中心化。例如，让幼儿更多地参与集体活动，在同伴互动中了解他人与自己有着不同的看法。成人也可以通过讲故事、做游戏、角色扮演等方法引导幼儿设身处地认识他人、理解他人。

(二)幼儿情绪发展的理论解读

幼儿情绪的发展趋势主要体现为社会性、丰富和深刻化以及自我调节三大方面。

在情绪的社会性上，幼儿最初的情绪情感是与生理需要相联系的。随着幼儿的成长，情绪情感逐渐与社会性需要相联系，因此，情绪的社会化过程就是情感的发展过程。具体表现在：第一，情绪中社会性的交往成分不断增加。第二，情绪反应的社会性动因不断增加。生理需要是否得到满足，是1岁以内婴儿情绪反应的主要原因。而1~3岁幼儿情绪反应的动因除了与满足生理需要有关的事物外，还有大量与社会需要有关的事物。3~4岁的幼儿，其情绪动因从满足生理需要向满足社会需要过渡。该阶段幼儿有寻求他人注意、与他人交往的需要，如果有幼儿不理睬或者其他幼儿不和他一起玩，会使其感到烦恼不安。第三，表情的社会化。随着年龄的增长，幼儿解释面部表情和运用表情手段的能力都有所提高。

在情绪的丰富和深刻化上，由于幼儿期逐渐出现一些高级情感(如尊敬、同情等)以及情绪指向的事物不断地增加，使得幼儿的情绪逐渐丰富。另外，由于幼儿认知的发展，情绪体验从指向事物的表面到指向事物的内在特点，从而使情绪更为深刻化。

在情绪的自我调节上，随着年龄的增长，婴幼儿对情绪的自我调节能力不断增强，表现出情绪的冲动性逐渐减少、情绪的稳定性逐渐提高、情绪从外露到内隐的特点。

接下来我们结合楠楠的案例来说明如何运用儿童心理发展理论解读幼儿情绪行为。(见表3-5)

表 3-5　楠楠观察记录

幼儿姓名：楠楠	性别：男	编号：03
年龄：3 岁 4 个月	观察日期：2016 年 9 月 7 日	
开始时间：9:40	结束时间：10:00	
地点：小一班	观察者：T 老师	

观察记录：

　　今天早上的"娃娃家"特别热闹，大家都在津津有味地品尝着"妈妈"为他们准备的"美味佳肴"。忽然，"砰"一声响，只见楠楠用手一个劲地将桌上的"美味佳肴"推在地上，一边推，一边不停地嘀咕着什么。当我闻声而去时，娃娃家已是一片狼藉，楠楠噘着小嘴，气呼呼地一边点头一边看着他的"杰作"，大声说："你们都不让我来'吃饭'，哼！我生气了！"

　　看到楠楠那一脸不高兴的样子，我想一定是发生了什么。于是，我来到他身边，蹲下身，摸摸他的头问道："楠楠宝宝，你怎么了呀？为什么把好吃的菜都推到地上呀？你有什么不高兴的事情可以告诉老师吗？""他们都不和我玩，我生气了！"楠楠皱着眉头，眼睛里含着泪水，指着坐在餐桌边的同伴说。"哦，原来是这样。"于是我牵着他的手来到同伴旁边说，"我们有好玩的东西要大家一起分享，做个有礼貌的宝贝。大家都是好朋友，我想大家都欢迎你来娃娃家！另外，有什么事情和老师、小朋友商量商量，像这样乱扔东西可不好哦，'妈妈'辛辛苦苦烧的菜都被倒在了地上，多浪费呀！快把地上的餐具捡起来吧。"话音刚落，楠楠马上破涕为笑，和同伴们一起把地上的东西捡起来。❶

　　结合幼儿情绪发展的特点，我们可以发现案例中楠楠在游戏中的情绪由生气到开心，起伏很大，速度也很快，这也体现了该阶段幼儿情绪具有较大的冲动性、不稳定的特点。案例中楠楠一开始生气的主要原因是小朋友不和他玩，这也说明了楠楠情绪情感社会性的需要。另外，幼儿的情绪也可能与其家庭教养有关。了解幼儿的家庭环境可以帮助观察者分析其行为背后更深层次的原因，通过家园合作的方式促进幼儿情绪情感的健康发展。

图 3-7　幼儿角色游戏
（资料来源：三桥幼儿园）

　　通过了解相关情况，我们将 T 老师对楠楠的观察进行了如下分析：

　　在"娃娃家"游戏（见图 3-7）中，由于楠楠被其他同伴冷落，所以他就用扔东西的方式来宣泄自己的情绪，这是小班幼儿较为普遍的行为表现，原因可能如下。

　　从小班幼儿的情绪发展特点来看，该年龄阶段，幼儿情绪的冲动性比较强，情绪较为外显。另外，这一阶段幼儿情绪的变化开始出现社会性动因，但是又缺乏一定的交往技能，因此楠楠在得不到同伴的友情时，不会表达自己的想法和情感，以至于产生了较偏激的行为来表达自己的不满。此外，这一年龄阶段的幼儿情绪变化也比较迅速，这也就出现了在老师的调解下，楠楠很快就破涕为笑的情景。

　　从家庭环境来看，楠楠主要由爷爷奶奶抚养，长辈对孩子总是有求必应。长辈的溺爱、娇惯、迁就容易让幼儿形成以自我为中心的意识与行为。

❶　李晓巍：《幼儿行为观察与案例》，34 页，上海，华东师范大学出版社，2016。

对于这一年龄段的幼儿，社会性需要是否得到满足是影响他们情绪的主要原因。小班幼儿入园时间短，社交技能有限，同伴之间还没有形成"好朋友"关系。针对这一情况，在今后的班级集体活动中会多开展幼儿之间互动的活动，让他们互相从陌生到熟悉。同时，也会投放一些需要合作的材料，让幼儿在真实交往中锻炼社交技能。另外，像楠楠这样情绪冲动性比较强的幼儿，一方面要关注、理解他的情绪表现，帮助他调节情绪；另一方面也要多和家长沟通，希望家长在家也能多辅导幼儿，在亲子互动、亲子共读中让楠楠学习控制情绪的技巧。

（三）幼儿社会交往行为的理论解读

社会交往是幼儿成长和个性发展的需要，是其完成个体社会化的过程。通过社会交往，可以使幼儿了解和认识人与人之间、人与社会之间的关系，学习社会道德准则和如何处理人与人之间的关系，帮助幼儿克服任性、自我中心性等不利于社会交往的行为。社会交往还能发展行为调节和社会活动能力，充分发展个性，以形成适应社会要求的社会性行为。

在解释幼儿社会交往方面，斯金纳的操作条件作用理论、班杜拉的社会学习理论、马斯洛的需要层次理论等都提供了很好的分析角度。接下来我们以弘弘这一案例来说明如何运用儿童发展理论解读幼儿交往行为。（见表3-6）

表3-6 弘弘观察记录

幼儿姓名：弘弘	性别：男	编号：04
年龄：4岁6个月	观察日期：2016年10月10日	
开始时间：17:00	结束时间：17:05	
地点：中一班	观察者：李老师	

观察记录：

17:00，小朋友们陆续离开幼儿园了，活动室里还有五六个孩子坐在一起玩雪花片。弘弘刚用雪花片拼了一把"宝剑"，他的妈妈来了。我摸摸弘弘的头说："看，妈妈来接你了。"弘弘抬起头，看着妈妈说："我还要玩一会儿。"妈妈站在门口说："不行，快走。"弘弘大喊："要玩！"妈妈生气地说："你再不走，我走了！""不，我还要玩一会儿。"我见状立即对弘弘说："妈妈回去还要做饭，我们就玩一小会儿，好吗？"弘弘点点头答应了。接着，弘弘拿着他插的宝剑在冰冰身边走来走去说："我是奥特曼，打死你这个怪兽。"说完，他用"宝剑"刺向冰冰的胸口。宝剑断了，于是弘弘用手当宝剑，在冰冰身上乱戳。冰冰哭着喊："老师，他打我。"弘弘的妈妈看见冰冰哭了，站起身，抬起手，"啪啪"给了弘弘两个耳光，气愤地说："打呀，你再打打看！"弘弘大哭起来。妈妈生气地拉起弘弘的手，一边朝活动室门口走去，一边说："看我回家怎么收拾你！"

班杜拉的社会学习理论或许能够为观察者分析上述案例提供理论支持。社会学习理论强调社会行为是通过观察或模仿学习获得的，强调观察学习在个体行为获得中的作用，认为个体的多数行为是通过观察别人的行为和行为的结果获得的。另外，班杜拉相信，奖励和惩罚的结果会告诉幼儿以后该怎样做。也就是说，幼儿通过自己行为的结果来调节自己以后的行为。但是我们不提倡给幼儿身体和精神上的惩罚，而是要给他讲道理。因为讲道理也是幼儿进行榜样学习、获取经验的方式。

因此，我们可以对案例进行如下分析：

社会学习理论认为，观察学习是幼儿攻击性行为获得的重要途径。幼儿在各种社会情境中，通过观察他人的行为和行为后果，习得了攻击性行为。弘弘妈妈不恰当的惩罚方式为弘弘攻击性行为的习得和发展提供了观察学习的途径，在"适宜"的情况下，弘弘可能会用妈妈惩罚自己的手段来攻击他人。

弘弘的攻击行为可能是从家长不恰当的惩罚方式中习得的。因此，首先要与家长沟通，让家长了解不恰当的惩罚方式的弊端，停止使用体罚。同时，告诉家长适宜的管教方式，比如，当弘弘出现攻击性行为时，可以进行一定的惩罚。但惩罚时应注意：(1)惩罚要及时，且在惩罚时应向弘弘讲清楚错在哪里，应该怎么做。(2)惩罚应和鼓励相结合。对弘弘的惩罚并不是"以其人之道还治其人之身"，可以采取停止玩玩具、看动画片等手段，当幼儿表现出家长期望的良好行为或行为有明显改进时，成人要及时给予表扬和奖励，以便帮助弘弘消除攻击性行为，塑造良好行为。

值得注意的是，各种儿童理论知识为我们解读幼儿行为提供了思路，但是，和幼儿发展常模、年龄目标一样，观察者要避免将幼儿发展理论当作尺子，并以此衡量幼儿的发展。在观察和分析幼儿行为时，要正确对待理论的价值，要知道儿童发展理论只是分析幼儿行为的众多依据之一。

小试牛刀 ▶▶▶▶▶▶

> 扫码观看《小人国》视频片段"晨晨和南德"的故事，请尝试运用《指南》和相关心理学理论解读晨晨和南德的行为。

视频：晨晨和南德

云测试：小试牛刀

模块小结

在本模块，我们学习了如何整理观察资料，如何对幼儿的行为进行分析。分析幼儿的行为，我们不仅仅要知道分析的基本原则和方法，更重要的是要尝试站在幼儿的视角理解幼儿的行为，并在平时积累、巩固有关幼儿发展方面的知识。只有这样，我们的分析才是有温度的、专业的。

思考与练习

活学活用

云测试：模块三

一、选择题

1. 有时一名幼儿哭会惹得周围的幼儿跟着一起哭，这表明幼儿的情绪具有（　　）。

  A. 冲动性　　　　B. 易感染性　　　　C. 外露性　　　　D. 不稳定性

2. 幼儿常把没有发生或期望发生的事情当作真实的事情。这说明幼儿（　　）。

  A. 好奇心强　　　B. 说谎　　　　C. 移情　　　　D. 想象与现实混淆

3. 中班幼儿告状现象频繁。这主要是因为幼儿（　　）。

  A. 道德感的发展　　　　　　　　B. 羞愧感的发展

  C. 美感的发展　　　　　　　　　D. 理智感的发展

4. 小班幼儿玩橡皮泥时，往往没有计划性，把橡皮泥搓成团就说是"包子"，搓成条就说是"面条"，把长条橡皮泥卷起来就说是"麻花"。这反映了小班幼儿（　　）。

  A. 具体形象思维特点　　　　　　B. 直觉行动思维特点

  C. 象征性思维特点　　　　　　　D. 抽象逻辑思维特点

5. 小红知道9颗花生吃掉5颗还剩4颗，但就是不知道"9－5＝?"。这说明小红的思维具有（　　）。

  A. 具体形象性　　B. 抽象逻辑性　　C. 直观动作性　　D. 不可逆性

6. 桌面上一共摆了3块积木，另一边摆了4块积木。教师问幼儿："一共有几块积木?"从幼儿下列表现来看，数学能力发展水平最高的是（　　）。

  A. 把3块积木和4块积木放在一起，然后一个一个点数

  B. 看了一眼3块积木，说出"3"，暂停一下，接着数"4、5、6、7"

  C. 左手伸出3根手指，右手伸出4根手指，然后扳手指数出总数

  D. 幼儿先看了一眼3块积木，后看了4块积木，暂停一下，说7块

二、论述题

我们经常发现这样一种现象：幼儿教师花大力气教幼儿记住某首儿歌，有时候孩子们不能完全记牢，但当偶尔听到的某个童谣、看到的某个电视广告，只需一两次他们就对广告词熟记心中。

问题：根据幼儿记忆发展的有关原理，对上述材料加以分析。

课程实践

请在实习的过程中记录让你感到困惑的幼儿行为，以小组为单位收集资料尝试进行分析。对比你和其他小组成员的分析观点，你认为哪些因素会影响你对幼儿的判断？

模块四 幼儿行为的指导

模块导入

幼儿不爱午睡怎么办呢？幼儿喜欢在教室里跑来跑去怎么办呢？幼儿不喜欢听故事怎么办呢？幼儿在游戏，我到底要不要干预呢？我的干预是支持还是干扰呢？这些关于"怎么做"的问题就涉及幼儿的行为指导，也是老师们和同学们最关注的问题。行为指导就是成人为支持幼儿的发展而采取各种教育方法和策略的过程。本模块，我们一起来讨论如何基于观察与分析，有效支持幼儿的行为。

学习目标

1. 理解幼儿行为指导的基本原则。
2. 掌握幼儿行为指导的常见方法，并解决实践中的常见问题。
3. 能运用《指南》以及儿童发展理论来支持幼儿的行为。

学习导航

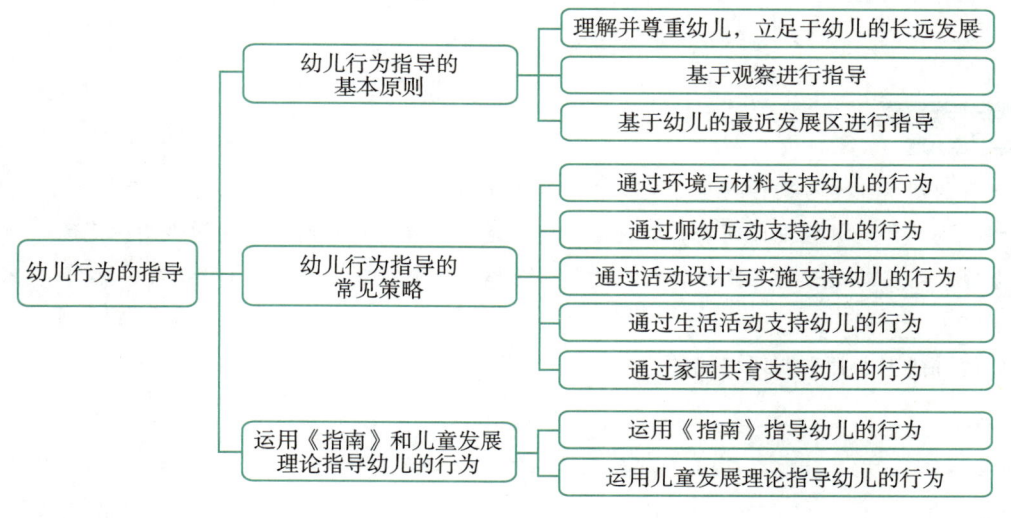

学习任务 4.1　幼儿行为指导的基本原则

学习任务单

项目	内容	备注
学习目标	1. 理解幼儿行为指导的基本原则和思路 2. 尊重和理解幼儿，立足于幼儿的长远发展，树立正确的儿童观与教育观 3. 能基于最近发展区理论支持幼儿的行为	
学习要点	1. 理解正面教育的原因 2. 能基于观察与分析制订指导计划 3. 理解"最近发展区"的概念 4. 能发现幼儿的现有水平与潜在水平，并在最近发展区内进行引导	
学习时数	1 课时	
学习建议	1. 课前：结合平台资源、教材案例进行学习，完成相关测试题，并提出疑问 2. 课中：带着问题进行讨论，弄清预习中不懂的部分，并尝试操作 3. 课后：根据学习目标反思学习所得，并进行实践	
学习运用	能在实践中运用多种策略支持幼儿的行为	
学习收获与反思		学生填写

连线职场

中三班的明明经常与同伴发生冲突，有时是争抢玩具，有时是肢体冲突。王老师采取了很多措施，如在明明争抢同伴玩具时批评明明，并且给明明讲道理；有时让明明在自由游戏时自己玩，但效果不明显。王老师与明明妈妈进行了沟通，明明妈妈认为老师太温柔了，对明明需要"凶一点"，在家里只要明明不乖，打一下就好了。

你如何看待王老师和明明妈妈的方法？

> 学习驿站

幼儿的发展需要成人的引导，幼儿行为指导就是成人为支持幼儿的发展而采取各种教育方法和策略的过程。教师的指导策略不仅影响着幼儿当下的行为，更对幼儿的社会化过程产生持续的影响。根据支持行为发生的时间，可以分为及时指导和延后指导。及时指导是指，在当下的教育情境中，教师针对幼儿的学习与发展做出的决策，以教师观察行为之后的师幼互动为主。延后指导是将幼儿学习与发展的支持整合到后期的课程设计的内容中去，以教师观察行为之后的书面幼儿支持策略的设计为主。如我们根据观察报告中的建议来指导幼儿的行为，便属于延后指导。❶ 行为指导的具体策略有很多，但是什么样的策略是好的呢？我们在选取策略时应遵循怎样的原则？

微课：幼儿行为指导的基本原则

学习笔记

▶▶ 一、理解并尊重幼儿，立足于幼儿的长远发展 >>>>>>>

（一）秉持儿童立场，理解并尊重幼儿

每一个人都有爱和归属的需要、被尊重的需要，幼儿同样如此。有时候，当幼儿不能以正常的、建设性的行为满足自己的需要时，他们会转向一些破坏性的或者非正常的行为。从某种程度上说，理解和尊重本身便是引导幼儿正向行为的有效方式。同时，只有理解和尊重幼儿，与幼儿建立良好的关系，才能有效地进行下一步的引导。

想一想 ▶▶▶▶▶

请同学们对比下面这两个场景，思考为什么会有这样的区别？

场景一：

幼儿哭着说："我的小乌龟今天早上死了。"

父亲："别难过，宝贝。"

幼儿："不要，我不要让它死掉。"

幼儿哭得更大声了。

父亲："哎呀，不就是个小乌龟吗？死了就死了，我再给你买一个。"

幼儿越哭越大声。

父亲很生气："你太无理取闹了！"

场景二：

幼儿哭着说："我的小乌龟今天早上死了。"

父亲："这样啊，真是没想到啊。"

幼儿："它是我的好朋友。"

父亲："是啊，失去好朋友确实很难受。"

---

❶ 刘昆：《幼儿园教师的儿童行为观察与支持素养的提升研究》，博士学位论文，华东师范大学，2018。

幼儿："我昨天还和它一起玩游戏，我每天都会喂他吃东西。"

父亲："你一直照顾它，你们玩得很开心。"

幼儿慢慢停止了哭泣：我要把它画下来，这样我就不会忘记它了。

父亲："这是个好办法！"

如何理解和尊重幼儿呢？第一，理解并尊重幼儿的发展特点。幼儿的发展具有连续性和阶段性，一方面我们需要基于幼儿的发展阶段提供适宜的指导，另一方面在引导的过程中也要循序渐进，"量"只有达到了一定的积累，才能实现"质"的突破。第二，站在幼儿的立场看待问题，理解幼儿在当下的感受和内在需求。幼儿不管是在身体上还是心理上都与成人存在差异，若成人以自身的角度来评判幼儿的行为，相当于阻断了与幼儿沟通的桥梁。在上述案例中，小乌龟的去世对成人来说或许只是一件"小事"，但对于幼儿来说却是"大事"，成人若是无法理解幼儿的感受，则无法进行下一步的引导。第三，尊重幼儿的个体差异。在幼儿园中，经常会听到教师说这么一句话："别人都能做到，为什么只有你做不到。"当教师以统一的标准去要求每个孩子，用同样的方法对待每个孩子时，会给自己带来困扰，也会让幼儿感到挫败。《纲要》明确指出，幼儿在发展水平、能力、经验、学习方式等方面存在个体差异，我们应因材施教，努力使每一个幼儿都能获得满足和成功。

(二)立足于长远发展，以正面教育为主

1. 立足于幼儿的长远发展

在讨论这个话题之前，请同学们回答下面两个问题。

> **做一做** ▶▶▶▶▶▶
>
> 1. 你希望你的孩子长大后成为什么样的人？
>
> _____
>
> 2. 你希望你在实习的时候，你班上的孩子是什么样的？
>
> _____

有人对父母做过一个调查，对于第一个问题，大部分成人都希望自己的孩子未来能够"自信""勇敢""有主见""赚大钱"。但当问到成人"你觉得你的孩子有什么不足"时，很多成人说的是"不听话，希望他听话""太淘气了"等。我们可以看到，成人对于幼儿现在的期待与成年后的期待有时是矛盾的，如果我们希望幼儿现在是"顺从""听话"的，那么，在他成年之后，可能我们很难指望他变成"有主见""勇敢"的人。

所以，当我们采取一些措施的时候，也需要考虑，这个措施是有利于幼儿的长远发展，还是只是解决一时的"麻烦"。在"连线职场"的案例中，当幼

儿争抢玩具时，王老师可以直接介入，批评抢玩具的幼儿，以快速解决问题，也可以倾听认可幼儿的情绪，让幼儿说明事情经过，教师澄清问题并支持幼儿自己来解决问题，并且在日常生活中多关注该幼儿的同伴交往行为，对于好的行为及时给予鼓励。前一种方式虽然效率更高，但是没有从根本上解决问题，幼儿并没有获得解决冲突的技能。而后一种方式可能需要花费教师更多的调节时间，但是在这个过程中，幼儿学习了语言表达，学习了倾听他人，学习了用轮流、协商的方式来解决问题，从长远来看更有助于幼儿的发展。

2. 正面教育为主

立足于幼儿的长远发展，也要求我们对幼儿的指导应以正面教育为主。正面教育的核心是在尊重的前提下对幼儿提要求，在肯定的前提下对幼儿的行为做出补充和修正，在维护幼儿的自主性和完整性的前提下渗透要求。

想一想

请同学们对比下面这两个场景，你认为幼儿分别会有什么样的感受和反应？

场景一：

教师看到一个幼儿把建构区的很多积木拿出来，周围的教室地面上铺满了积木。教师说："你怎么又把积木搞得满地都是，提醒你多少遍了，不要把积木拿到外面去！"

场景二：

教师看到一个幼儿把建构区的很多积木拿出来，周围的教室地面上铺满了积木。教师说："我看到地上有好多积木啊，很担心其他小朋友会不会不小心踩到、滑倒了，把积木往旁边挪一挪吧。"

场景一：_____

场景二：_____

在日常生活中，我们经常会用"不要……"这样的语言来要求幼儿的行为，或者用惩罚的方式减少幼儿的不适宜行为。但对于年幼的孩子而言，有时候他们不理解反话，而且消极地纠正和制止的行为容易引起幼儿的逆反心理。很多研究表明，经常被惩罚的孩子会感到被排斥，产生消极的自我印象，在学校和生活中可能会长期有攻击性问题。❶ 而正面教育不仅能终止幼儿的不适宜行为，还能为他们应该如何做出恰当行为指明方向，同时，教师积极的行为示范也给幼儿提供了榜样，让幼儿在有尊严、受尊重的环境中成长为能够尊重他人、有价值感的人。

---

❶ ［美］Dan Gartrell：《有效应对幼儿挑战性行为的策略——幼儿行为引导手册》，周念丽等译，59页，北京，中国轻工业出版社，2022。

议一议

你如何看待明明妈妈认为"老师太温柔了,对明明需要'凶一点',在家里只要明明不乖,打一下就好了"的观点。你赞同"打孩子"吗?请与同伴讨论。

▶▶ 二、基于观察进行指导

"怎么做"是幼儿教师以及同学们最关心的问题,但不要忘了,我们所有的指导都应基于观察。具体情境是复杂的,指导也不会一蹴而就,通常是"观察分析—确定指导目标—提出指导策略—实施指导策略—观察反思—调整策略"循环往复的过程。我们以"连线职场"中的案例为例来说明。

(一)基于观察确定指导目标

指导目标的确定应基于前期的观察记录和分析。"连线职场"的案例中,王老师经过多次观察,发现明明与同伴冲突的频率比较高,冲突的主要原因是物品争夺,当发生冲突时,明明主要是以肢体来解决问题。基于此,老师将指导的目标设定为"引导明明用合适的方式来解决冲突,培养明明的亲社会行为"。

(二)制订并实施指导策略

指导策略应根据指导目标及观察分析,且具有可操作性。经过多次观察与了解,老师发现当明明想玩别人的玩具时,很少用语言表达自己的想法,而是直接去抢,如果对方不松手,便用打人、推人的方式表达自己的不满。王老师在日常生活中也发现,明明平时不太爱说话,语言表达能力比较弱。此外,老师在与家长沟通的过程中发现,明明是由外婆带养,平时很少出去玩,除了幼儿园之外,与同伴交往的机会比较少。基于此,老师提出了以下指导建议。

(1)当冲突发生后,首先应冷静靠近,阻止伤害性行为。然后,共情明明的行为,描述并安抚明明的情绪,如"你看起来很生气"。接着引导明明说明事情的经过,在此过程中,帮助明明用语言澄清事实。最后,引导明明思考,如果想玩别人的玩具可以怎么做,引导明明自己提出可行的方案。

(2)利用图书等,结合生活经验引导幼儿感受其他幼儿的情绪,理解打人、推人对其他人带来的伤害,培养幼儿的移情能力。

(3)平时多给明明语言交流的机会,通过游戏、故事、个别交流等方式提升明明的语言表达能力。

(4)与家长进行沟通,让他们尽可能多与明明交流、进行亲子阅读,通过带明明到社区玩耍、去朋友家做客等方式为明明创造与同伴交往的机会。

文本:当发生冲突时的调节步骤

(三)在指导的过程中继续观察，反思指导效果

幼儿的认知、行为的改变是一个持续的过程，往往不会一蹴而就。而且每一个孩子都是独特的个体，同样的策略对于不同的幼儿或者不同情境所起的效果也不同，需要教师进一步观察、调整。在对明明指导的过程中，教师发现，明明在事后都会说自己做错了，并且能说出对的做法，但是在情急之下，明明还是控制不住会动手。因此，在平时游戏的时候，教师便会引导明明尝试用轮流、协商的方式获得想要玩的玩具，并教给明明调节情绪的方式。一段时间下来，明明抢玩具、动手打人的情况变少了。

三、基于幼儿的最近发展区进行指导

"最近发展区"是苏联心理学家维果茨基提出的重要概念。维果茨基指出，幼儿有两种发展水平，一种是幼儿已有的发展水平，另一种是在成人引导或者同伴合作之下能达到的水平。这两种水平之间的差距就是"最近发展区"，有效的教学应在最近发展区内。同时，"最近发展区"又是动态变化的，随着幼儿能力的提升，其现实水平和潜在水平都得到了提升，因此，教学也创造着"最近发展区"。后人基于最近发展区理论又提出了"鹰架教学"的概念，即教师通过多种方式帮助幼儿达到潜在水平，如示范、开放式提问、提供材料、成为游戏伙伴、促进同伴互动等（见图 4-1）。

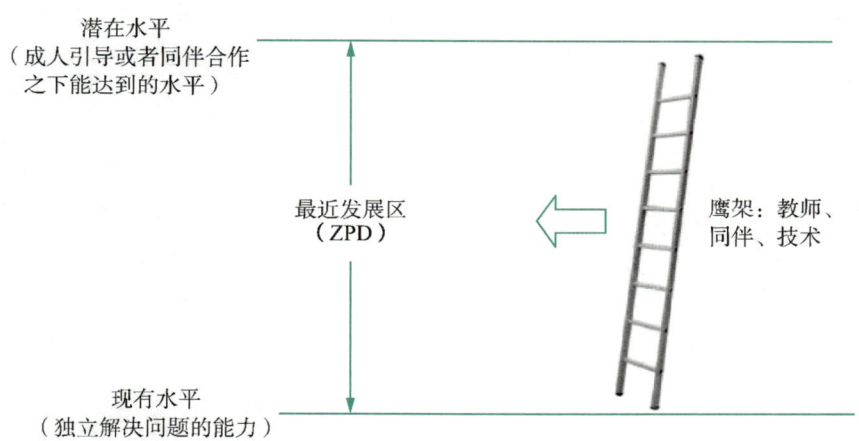

图 4-1 最近发展区与鹰架教学理论图示

基于最近发展区进行指导，除了要了解幼儿现有的水平，还需要了解幼儿的潜在水平。幼儿的潜在水平通常在游戏中、与成人和同伴的互动中显现出来，教师也可以通过了解幼儿核心经验的发展序列，了解可能的潜在水平。

做一做

桌面上一边摆了三块积木，另一边摆了四块积木。教师问："一共几块积木?"从幼儿的下列表现来看，数学能力发展水平从低到高依次是：_____

A. 把三块积木和四块积木放在一起，然后一个一个点数

B. 看了一眼三块积木，说出"3"，暂停一下，接着数"4、5、6、7"

C. 幼儿先看了三块积木，后看了四块积木，暂停一下，说七块

视频：要棍子

找准最近发展区之后，教师便可以采用多种方式循序渐进地为幼儿建构鹰架，支持幼儿的发展。比如，为了引导明明能用合适的方式获得玩具，教师采取了以下措施：

(1)在游戏中，作为明明的游戏伙伴，为明明示范如何用合适的语言请求玩别人的玩具，如何采用协商、交换、轮流、等待的策略来解决问题。

(2)在明明想要别人的玩具时，鼓励明明尝试用上述方法来解决问题，教师在一旁引导。

(3)鼓励明明在没有教师的帮助下用合适的方式获得玩具，教师在远处观察。

云测试：小试牛刀

小试牛刀

请扫码观看《小人国》里的视频片段"要棍子"。你如何看待两位老师的做法，如果你是现场的老师，你会怎么做呢？

_____

_____

学习任务 4.2　幼儿行为指导的常见策略

学习任务单

项目	内容	备注
学习目标	1. 了解幼儿行为指导的常见策略 2. 能采取多种方式支持幼儿的行为，解决实际的问题	
学习要点	1. 师幼互动的重要性与方法 2. 利用环境与材料支持幼儿的行为 3. 利用活动设计与实施支持幼儿的行为 4. 利用生活活动支持幼儿的行为 5. 利用家园共育支持幼儿的行为	
学习时数	2 课时	
学习建议	1. 课前：结合平台资源、教材案例进行学习，完成相关测试题，并提出疑问 2. 课中：带着问题进行讨论，弄清预习中不懂的部分，并尝试操作 3. 课后：根据学习目标反思学习所得，并进行实践	
学习运用	能在实践中尝试运用多种策略支持幼儿的行为	
学习收获与反思		学生填写

连线职场

实习生小郭发现小三班的幼儿都不太喜欢看书，每到看书环节，认真看书的幼儿寥寥无几，有的幼儿坐在图书区的椅子上交头接耳聊天，有些幼儿图书换了一本又一本，还有的幼儿根本不去图书区，在教室游荡。

如果你是老师，你会怎么做呢？

_____

_____

微课：幼儿行为指导的策略

学习驿站

支持幼儿行为的方式有很多，在幼儿园，教师经常通过环境创设、师幼互动、区域游戏、集体教学活动、生活活动以及家园合作等来支持幼儿的发展，各项支持策略有各自的优势，教师可以根据实际情况综合采用多种形式有效支持幼儿的发展。

▶▶ 一、通过环境与材料支持幼儿的行为 >>>>>>>>

各个教育理论流派均十分注重环境的作用，如蒙台梭利认为幼儿具有吸收性心智，教师要提供有准备的环境。瑞吉欧教学法认为幼儿通过与环境积极互动建构知识，环境是幼儿的"第三任老师"（家长和教师分别是第一位和第二位老师）。环境是教室里无声的教育者，教师通过提供丰富的可操作性材料，为幼儿能运用多种感官、多种方式进行探索提供条件，通过材料的调整拓展幼儿的学习。同时，适宜的空间安排、材料种类与摆放方式能减少幼儿的"不适宜"行为。

● 案例 ●

中三班的三位幼儿有好几次把建构区的大卡车开到画架下，还把颜料撒了一地，老师非常生气，让这三个幼儿不许再开大卡车。可是到了第二天，三位幼儿又把大卡车开到了绘画区，绘画区的幼儿来找老师告状，于是老师让他们一周内禁止在建构区游戏。一个星期后，还是有幼儿会忘记这个规则。班级老师对建构区和绘画区进行了观察，讨论了这个问题，并重新布置了环境。首先，教师在绘画区和建构区之间设置了玩具柜，阻隔了这两个区域。其次，扩大了建构区的空间，让幼儿在建构区有足够的空间开车子。最后，与幼儿讨论了这个问题，并让幼儿用图画的方式告知大家"车子不能开出建构区"。从此之后，再也没有幼儿将车子开到绘画区了。

⌘ 议一议 ▶▶▶▶▶▶

幼儿出现以下行为的原因可能是什么？想一想，如何通过改变环境的方式来改善幼儿的行为？

1. 孩子总是无所事事，跑来跑去
2. 孩子总是抢玩具
3. 孩子们总是挤在同一个区域
4. 孩子们总是乱放玩具

二、通过师幼互动支持幼儿的行为

诸多研究表明,师幼互动是影响托幼机构质量的最主要因素,也是教师最常用的支持幼儿的策略。有效的师幼互动的前提是建立良好的师幼关系。在师幼互动过程中,可以采用直接讲解、行为示范、启发暗示、表扬鼓励、参与游戏等方式支持幼儿。右侧小资料呈现了《有力的师幼互动——促进幼儿学习的策略》一书中提出的"有力的幼互动"的步骤。

文本:有力的师幼互动的步骤

案例

小医院

受到新型冠状病毒感染疫情影响,幼儿园复学以来,小班小朋友们对医生的职业更加向往,教师根据幼儿的兴趣开设了小医院的角色区,很多小朋友都争着当医生,但是进入区域后,孩子们只是摆弄这,摆弄那,有的幼儿把听诊器扣在头上,有的幼儿在玩玩具注射器。由于"病人"很少,一旦有"病人"来了,一群幼儿拿着注射器给"病人"打针……两个星期过去一直如此。教师认为这是由于幼儿对医生以及医院的认识不足,才会表现出这样的行为。因此教师扮演"病人"加入到幼儿的游戏中,引导幼儿正确使用听诊器,并引发配药的游戏情节。在游戏之后通过集体谈话的方式,让幼儿回忆医院就医的经历,并用视频的方式展示医生的工作,同时,向幼儿介绍各个材料的名称和用法,并进行示范,丰富幼儿的经验。

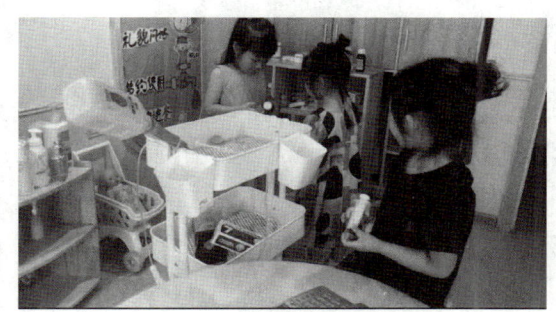

图4-2 幼儿玩小医院的游戏

(资料来源:三桥幼儿园)

师幼互动十分重要,但对于很多幼儿教师特别是新教师来说,如何与幼儿建立关系、进行有效的师幼互动是一个难题。

三、通过活动设计与实施支持幼儿的行为

教师通过设计、组织集体教学活动、区域游戏等来支持幼儿的学习。集体教学活动是指有目的、有计划地组织班级所有幼儿都参加的教育活动,包括预设的活动与生成的活动。区域活动是指教育者以幼儿感兴趣的活动材料和活动类型为依据,将活动室的空间相对划分为不同区域,让幼儿自主选择活动区域,通过与材料环境、同伴的充分互动获得学习与发展。❶ 更加注重幼儿的自主性,满足个体差异。无论是集体教学活动、区域活动还是项目活动,都应基于对幼儿发展水平、兴趣、需要的观察,支持幼儿各个方面的发展。

学习笔记

---

❶ 冯晓霞:《幼儿园课程(第二版)》,259页,北京,北京大学出版社,2001。

> **案例**

地铁来了

杭州地铁六号线开通了,大三班的小朋友对地铁非常感兴趣,纷纷谈论着周末坐地铁出行的经历,在玩角色游戏的时候,还有幼儿当地铁司机开着"地铁",后面跟着一群乘客。于是,教师根据幼儿的兴趣生成了"地铁"主题,根据幼儿的兴趣讨论地铁的设施、工作人员、乘坐地铁的规则等话题。在这些活动中促进了幼儿对交通规则的认识、对各行各业工作人员的认识和尊重、对速度等科学概念的认知、符号的表征能力等各个方面的发展。

▶▶ 四、通过生活活动支持幼儿的行为 >>>>>>>

图 4-3　幼儿和教师一起择菜

（资料来源：三桥幼儿园）

在幼儿园,"一日生活皆课程"。如图 4-3,幼儿的生活是综合性的,一日活动的各个环节都蕴含着多样的教育价值,也是幼儿重要的学习方式。因此,除了专门的教育活动,在一日生活的其他环节,我们同样可以抓住教育契机,促进幼儿各个方面的发展。如在幼儿每天的进餐、午睡、盥洗、穿脱衣服等活动中支持幼儿动作、认知、语言、情绪情感等各个方面的发展。

> **案例**

不会数数的小玲

小三班大部分的幼儿都已经能点数 10 以内的数,但小玲只会唱数,还不会一一对应地进行点数。因此,教师在日常生活中有意地培养幼儿点数、计数的能力。如在小玲爬楼梯的时候,会和小玲一起爬一格、数一下;在其他幼儿荡秋千的时候,会让小玲数荡秋千的次数;在分点心的时候,也会请小玲为大家服务,给每个小朋友的盘子里都放 3 块饼干……两周后,小玲能点数 5 以内的数量;两个月后,小玲能准确地点数 10 以内的数量。

▶▶ 五、通过家园共育支持幼儿的行为 >>>>>>>

《纲要》中指出,家庭是幼儿园重要的合作伙伴。家庭是个体成长最初阶段的最直接、微观的环境,对于幼儿的影响是其他任何因素不可比拟的。我们可以通过家长获得更多关于幼儿的信息。家园之间只有保持一致的行动,才能形成教育合力。我们可以通过多种方式开展家园合作,如接送交谈、个别约谈、家访、家长开放日、家园联系册、电话、微信群、亲子教育沙龙、家长园地、利用家长资源开展活动、建立社区教育基地等。

> **案例**
>
> **新型冠状病毒感染疫情后"神兽归笼"**
>
> 　　2019年年底，突如其来的新型冠状病毒感染疫情使得幼儿在家中待了半年之久，2020年5月下旬以来，浙江省幼儿园陆续开园。但在"超长假期"之后，幼儿已经习惯了在家生活和学习，对家长们也形成了较强的依赖，容易出现不愿去幼儿园的现象。浙江省某幼儿园采取了多种方式，家园合作帮助幼儿入园适应。具体措施如下：
>
> 　　1. 在返园之前通过师幼、同伴电话、视频等方式，增强幼儿对幼儿园的向往。并让家长对幼儿进行心理暗示，让幼儿有心理准备。
>
> 　　2. 引导家长在家中让幼儿尽量保持与园所一样的作息，合理安排入睡、起床、午睡的时间，并培养幼儿的自我照顾的技能。
>
> 　　3. 通过绘本、视频等方式向幼儿科普新型冠状病毒感染疫情防控的相关知识和技能，缓解幼儿的担心。
>
> 　　4. 返园后，幼儿园创设安全的环境，开展好玩的活动，让幼儿喜欢幼儿园。
>
> 　　5. 做好新型冠状病毒感染疫情防控工作，并提前告知家长，落实防疫要求。

　　在对幼儿的行为进行引导时，通常需要结合多种方法，以"连线职场"的案例为例。❶

　　小郭老师经过一段时间的观察，发现该班的图书区位于教室中部的墙边，周围没有任何阻隔，因此在图书区看书的幼儿很容易被其他幼儿的活动吸引。图书放置在幼儿座位的下方，只要有幼儿坐在上面，其他幼儿便看不到图书。图书都比较破旧，很久没有更新，大部分的幼儿都能说出书中的内容，因此对这些图书已经不感兴趣。基于此，首先，小郭建议班级老师将图书区放在角落，远离热闹的区域，并添置幼儿感兴趣的新书，展示在书架上。用书架将图书区与其他区域进行分隔，并添置小帐篷、地毯、小沙发等，让图书区更加温馨，吸引幼儿。其次，在故事时间把图书区的新绘本读给幼儿听，听完之后将这些绘本放到图书区，吸引幼儿阅读图书。最后，在家长群中发送幼儿园阅读过的图书，并推荐幼儿喜爱的图书，鼓励家长在家多进行亲子阅读。没过多久，图书区变成了"热门区"。

　　除此之外，针对个别问题，还可以采用正面强化法、榜样法、移情训练、价值澄清、系统脱敏等方式，更多支持幼儿行为的具体方法，可参见模块五。

---

❶ 案例由杭州科技职业技术学院2020级学生提供。

小试牛刀

嘟嘟三岁了,最近很喜欢玩手机,一看就要很久,主要是看手机里面的动画片,连吃饭的时候也要看,如果不给看,嘟嘟就会大哭大闹,而且不吃饭。嘟嘟的妈妈很苦恼,来咨询老师。

如果你是老师,你会如何回应家长呢?请你通过多种方式,来改善嘟嘟的行为。

云测试:小试牛刀

学习任务 4.3　运用《指南》和儿童发展理论指导幼儿的行为

学习任务单

项目	内容	备注
学习目标	1. 理解《指南》和儿童发展理论对于指导幼儿的行为的作用 2. 能运用《指南》和儿童发展理论解决实际的问题	
学习要点	1. 利用《指南》确定指导幼儿的方向 2. 学习《指南》中的教育建议 3. 利用儿童发展理论中的指导策略解决实际问题	
学习时数	1 课时	
学习建议	1. 课前:结合平台资源、教材案例进行学习,完成相关测试题,并提出疑问 2. 课中:带着问题进行讨论,弄清预习中不懂的部分,并尝试操作 3. 课后:根据学习目标反思学习所得,并进行实践	
学习运用	能在实践中运用《指南》和儿童发展理论支持幼儿的行为	
学习收获与反思		学生填写

| 模块四 幼儿行为的指导 |

 连线职场

月月已经来幼儿园两个半月了，通过家园配合，已经能适应幼儿园饭菜的软硬，也愿意自己动手吃饭，但在使用勺子舀饭方面还不熟练，每次只能舀少量米粒，有些菜比如肉丸舀起来吃的时候会掉。同时，李老师还发现月月不太喜欢吃蔬菜，每次都是先把肉类挑完，特别是胡萝卜和香菇，一口都不吃。

如果你是李老师，你会怎么办呢？请结合《指南》以及相关的儿童发展理论提出指导建议。

学习驿站

《指南》和儿童发展理论不仅可以帮助我们确定观察要点，分析幼儿的行为，而且提出了诸多支持幼儿发展的策略，为我们指导幼儿的行为拓展思路。

▶▶ 一、运用《指南》指导幼儿的行为 ▷▷▷▷▷▷▷▷

（一）根据《指南》制订适宜的支持策略

《指南》中各领域目标下罗列了3～4岁、4～5岁、5～6岁幼儿的典型表现，这些典型表现"分别是对三个年龄段末期幼儿应该知道什么、能做什么，大致可以达到的发展水平提出的合理期待，指明了幼儿学习与发展的具体方向"。这能帮助我们对幼儿的行为建立合理的期待，并制订符合其年龄发展水平的支持策略。针对"连线职场"中的案例，《指南》在健康领域关于"手的动作灵活协调"这一发展目标，指出3～4岁幼儿的典型行为是"能熟练地用勺子吃饭"，在进餐方面的典型表现是"能在引导下，不偏食，不挑食"。因此，李老师在日常生活中可以关注月月精细动作的发展，并积极引导月月养成均衡膳食的习惯。

视频：《指南》在观察中的运用

除此之外，我们还能根据《指南》中的典型表现寻找幼儿在关键经验上的发展路径，了解幼儿当下所处的发展水平，清楚下一阶段可能获得的学习经验，在最近发展区内指导幼儿的行为，这需要我们学会"横着"看《指南》。我们来思考下面这个案例。

想一想 ▶▶▶▶▶▶

春天的时候，幼儿园的桃花开了，中一班的幼儿非常好奇，都去欣赏桃花。于是老师开展了认识桃花的活动，让幼儿观察桃花的外形特征。幼儿都能说出桃花的颜色、外形。那么接下来老师应该怎么进行引导呢？请查阅《指南》相关内容进行思考。

活动过后，教师查看了《指南》关于幼儿科学领域观察能力的典型表现，在不同年龄段表现为：3~4岁的幼儿对感兴趣的事物能仔细观察，发现其明显特征；4~5岁的幼儿能对事物或现象进行观察比较，发现其相同与不同；5~6岁的幼儿能通过观察、比较与分析，发现并描述不同种类物体的特征或某个事物前后的变化。从图4-5我们不仅可以看出不同年龄阶段幼儿的观察水平，而且能看到幼儿能力的从低级到高级的发展路径。

■ 目标2　具有初步的探究能力

3~4岁	4~5岁	5~6岁
1. 对感兴趣的事物能仔细观察，发现其明显特征。 2. 能用多种感官或动作去探索物体，关注动作所产生的结果。	1. 能对事物或现象进行观察比较，发现其相同与不同。 2. 能根据观察结果提出问题，并大胆猜测答案。 3. 能通过简单的调查收集信息。 4. 能用图画或其他符号进行记录。	1. 能通过观察、比较与分析，发现并描述不同种类物体的特征或某个事物前后的变化。 2. 能用一定的方法验证自己的猜测。 3. 在成人的帮助下能制订简单的调查计划并执行。 4. 能用数字、图画、图表或其他符号记录。 5. 探究中能与他人合作与交流。

图 4-5　《指南》科学探究子领域目标2的典型表现

于是，在认识了桃花之后，教师有意识地引导幼儿去发现桃花和其他花如樱花、梨花的区别。如果幼儿感兴趣，教师还可以计划让幼儿去记录桃花花开花落、长出叶子、结出桃子的过程。

在使用"各年龄阶段典型表现"时，我们需要了解"典型表现"仅仅是该年龄段大部分幼儿可能普遍表现出来的、容易被观察到的一些特征，无法包揽幼儿表现的丰富性和多样性，不应将典型表现视为"指标"，要求幼儿必须达到。

(二)充分利用"教育建议"中的内容

在《指南》中，每一教育目标下都有对达成这一目标所提出的教育建议，这些教育建议提供了关于科学育儿的观念、方法、途径等方面的参考，为家长和教师制订指导策略提供了诸多启示。

针对"连线职场"中的案例月月不爱吃蔬菜的情况，《指南》在教育建议部分提出："帮助幼儿养成良好的饮食习惯，如帮助幼儿了解食物的营养价值，引导他们不偏食、不挑食。"于是，李老师利用集体活动的讲解和区域活动的材料投放引导月月了解食物的营养，引发月月的兴趣，主动进餐。

针对月月精细动作发展水平有待提高的情况，《指南》提出："创造条件和机会，促进幼儿手的动作灵活协调。比如，提供画笔、剪刀、纸张、泥团等工具和材料或充分利用各种自然、废旧材料和常见物品，让幼儿进行画、剪、折、粘等美工活动；引导幼儿生活自理或参与家务劳动，发展其手的动作，如练习自己用筷子吃饭、扣扣子、帮助家人择菜、做面食等；幼儿园在布置娃娃家、商店等活动区时，多提供原材料和半成品，让幼儿有更多机会参与制作活动。"这些教育建议给李老师诸多启发。

以下是李老师结合《指南》提出的教育建议。

(1)在餐前开展有关"食物的营养"的谈话活动，让幼儿猜一猜今天的菜，引起幼儿的兴趣。

(2)在阅读区投放有关蔬菜、水果等食物营养的绘本，如《我好喜欢吃蔬菜》《一园青菜成了精》等。

(3)在月月喜欢的娃娃家投放餐具如碗、勺子等，在游戏中提供练习的机会。

(4)在美工区投放剪纸、剪刀以及月月喜欢的彩色的珠子等，锻炼幼儿的精细动作。

在运用"教育建议"时需要注意以下几点：(1)使用"教育建议"的前提是了解幼儿，应根据幼儿的实际情况选择合适的教育方法和活动。(2)虽然《指南》在每个目标下配有"教育建议"，但并不是说这些活动和方法仅仅适用于这一目标。"教育建议"渗透了"幼儿为本"的儿童观、教育观、发展观，尊重幼儿的主体性，尊重幼儿在生活中、游戏中学习的特点，因此这些策略往往具有综合性，具有综合价值，能促进幼儿多方面的学习与发展。(3)"教育建议"不可能包含所有的教育方法或教育互动，因此需要基于实际情况灵活地拓展与创造，通过多种方式支持幼儿的发展。❶

> **做一做** ▶▶▶▶▶▶▶
>
> 张老师发现小三班大部分小朋友已经会数到50了，但是让小朋友数一数5以内的物品，还是不会。请参考《指南》相关内容，提出指导建议。

▶▶ 二、运用儿童发展理论指导幼儿的行为 >>>>>>>>

儿童发展理论不仅解释了儿童的发展规律，而且通过实证研究等方式，提出了很多科学、合理的建议，这些观点也为我们制订支持幼儿发展的策略提供理论依据。事实上，运用儿童发展理论指导幼儿的行为并不罕见，幼儿园教师经常采用的一些策略里也蕴含着各个理论流派的儿童行为干预方式，只是有时没有意识到。

---

❶ 李季湄、冯晓霞：《〈3—6岁儿童学习与发展指南〉解读》，35～37页，北京，人民大学出版社，2013。

想一想

你能用儿童发展理论来解释一下幼儿教师的这些策略吗？

1. 放学之前，老师组织了谈话活动，总结了今天幼儿的表现，并对今天主动收拾玩具的几位幼儿进行表扬，在他们的手上贴上了"贴贴纸"。

2. 美术活动中，幼儿分组绘制自己的画像，幼儿对这个活动非常感兴趣，一边画一边与旁边的幼儿热烈讨论，一时间教室"炸开了锅"。教师走到苹果组的身边，说："我要表扬苹果组，苹果组的小朋友都在认真地画画，跟其他小朋友说话也非常小声，说的是'悄悄话'。"其他幼儿瞬间安静了下来。

不难发现，以上策略主要采用了行为主义的方法。斯金纳的操作性条件反射理论认为强化可以塑造幼儿的行为，幼儿做出某一行为之后获得了愉快的刺激，会促使幼儿增加该行为的频率，上述案例中教师的表扬、"贴贴纸"都属于强化物，能强化幼儿好的行为。班杜拉的社会学习理论又提出幼儿可以通过观察来学习，可以通过"间接强化"的方式增加幼儿好的行为。上述案例中，教师表扬了安静画画的苹果组，其他幼儿观察到安静画画能得到教师的表扬，因此也安静了下来。

除了行为主义理论之外，精神分析理论、人本主义理论、建构主义理论，以及有关幼儿动作发展、认知、语言、社会交往的各项研究均提出了各自的理论解释幼儿的行为，并提供了相应的支持策略。这些理论在儿童发展心理学、幼儿园游戏、各个领域教法课中均有涉及，我们需要活学活用，用儿童发展理论解释并解决实际遇到的问题。除此之外，对于幼儿出现的常见行为，已有很多研究者进行了深入研究，并提出了支持策略，我们可以通过查阅相关文献，拓宽解决问题的思路。儿童发展理论涉及的内容十分广泛，包含在各门课程中，表 4-1 罗列的是常见的儿童发展理论及应用范围列举，同学们可以此为例自行梳理、补充。

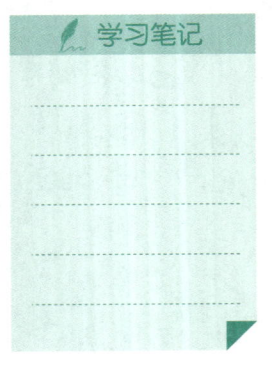

视频：儿童发展理论在观察中的运用（一）

视频：儿童发展理论在观察中的运用（二）

表 4-1　常见的儿童发展理论及其应用范围举例❶

发展理论	主要观点	适应范围和举例
格赛尔的成熟势力说	1. 幼儿的发展是按基因序列预定的程序不断展开的过程，个体的发展取决于成熟，幼儿在成熟之前，处于学习的准备状态 2. 发展的过程不可能通过环境的变化而改变 3. 幼儿具有自我调节能力，并形成固定的生活模式；自我调节中存在不平衡和波动，表现为进进退退，并提出了《幼儿行为周期变化表》	1. 理解、尊重幼儿个体的发展规律，等待幼儿具备学习的水平和条件 2. 利用成熟的条件及时教育 3. 解释幼儿行为发展中有适度的退化现象 4. 利用常模量表分析幼儿的发展水平

---

❶ 部分参考施燕、韩春红：《学前儿童行为观察》，上海，华东师范大学出版社，2011。

续表

发展理论		主要观点	适应范围和举例
行为主义	华生的行为主义	1. 个人的习惯是在适应环境的过程中学会的结果 2. 习惯是形成的一系列条件反射 3. 强调练习的作用	1. 注重环境和学习的作用 2. 解释幼儿新行为，包括不良行为的形成原因 3. 塑造幼儿的新行为，矫正幼儿的不良行为 4. 常见的行为矫正方法：塑造、小步子推进法、强化、消退、惩罚、榜样等
	斯金纳的操作条件学习	1. 强化可以塑造幼儿的行为 2. 分积极强化和消极强化	
	班杜拉的社会学习理论	1. 幼儿通过观察学习而获得新行为 2. 除了直接强化，还有替代强化和自我强化 3. 自我效能感	
精神分析	弗洛伊德	1. 人的意识分为意识、潜意识/无意识和前意识，强调非理性、无意识的驱动力和动机，通常起源于儿童期，并成为人的行为的基础，影响思维和行为的方方面面 2. 人格分为本我、自我、超我 3. 人格发展阶段论	1. 解释童年经历的重要性 2. 解释父母教养方式对于幼儿的影响，如过分限制、惩罚的父母培养的子女可能过分运用心理防御机制，产生心理失调 3. 人格发展的每个阶段要采取适合的教育方式，充分认识每个阶段发展的重要性 4. 在3~6岁阶段应注重游戏的价值，培养幼儿的主动性和自主能力
	埃里克森	人格发展阶段理论：人的个体发展是持续一生的、逐渐形成的过程，需要经历8个顺序不变的阶段。在每个阶段，个体都会面临相应阶段的社会心理问题(由成熟和社会文化环境与期望的冲突规定)	
认知发展理论	皮亚杰的认知发展理论	1. 幼儿的思维起源于动作，在主客体的相互作用中，通过同化、顺应、平衡获得发展 2. 儿童的思维的发展分为以下阶段： (1)感知运动阶段 (2)前运算阶段 (3)具体运算阶段 (4)形式运算阶段 3. 幼儿是自我中心的，他们会把注意集中在自己的观点和自己的动作上 4. 学前幼儿处于道德水平的他律阶段 5. 教育能够促进幼儿的思维发展，但是教育无法超越幼儿的发展阶段和现有的认知结构水平	1. 幼儿在主客体的相互作用中发展，因此要尊重幼儿在学习中的主体性，让幼儿在活动中、操作中学习 2. 解释幼儿从自我中心出发的各种行为，并不反映幼儿从小自私，而是受到现有思维水平的限制 3. 理解幼儿根据行为的后果(而非行为者的动机)来判断是非的现象 4. 理解幼儿对于超越其认知结构水平的教育无法接受的现象
	维果茨基的社会文化理论	1. 认知发展的社会起源：社会文化影响幼儿的学习，幼儿是在与成人的交往中实现认知的发展 2. 幼儿的自言自语现象是出于自我防卫和自我指导。认为语言是幼儿解决问题等高级认知过程的基础，可以帮助幼儿考虑自己的行为和行动的过程 3. 幼儿的学习发生在"最近发展区"内	1. 理解成人与幼儿之间的相互作用及混龄幼儿之间的相互作用 2. 理解幼儿解决问题中出现的自言自语现象 3. 找到幼儿的现有水平，并在幼儿的最近发展区内进行指导

续表

发展理论		主要观点	适应范围和举例
人本主义	罗杰斯	1. 注重人的尊严和价值，注重发挥人的潜能 2. 以欣赏的眼光看待他人，无条件地理解、尊重他人	1. 树立以人为本的教育观与儿童观，看到幼儿的闪光点 2. 心理的安全与自由是促进幼儿发展的重要条件，它能满足幼儿的内在需求 3. 成人和幼儿之间应该相互尊重，彼此接纳。成人应帮助幼儿充分发挥自己的潜能，实现自我发展
	马斯洛	1. 人是有能力的且是自主的存在，人们有能力解决自己的问题，充分发挥自身潜能，并在生活中做出积极改变。人类消极的、反社会的情感是受到挫折后的本能冲动的结果 2. 人有七种不同层次的需要	

模块小结

在本模块，我们学习了幼儿行为指导的基本原则、常见策略以及如何运用《指南》与儿童发展理论指导幼儿的行为。但在实践的过程中，由于具体情境的复杂性，幼儿又具有个体差异性，对幼儿的指导往往很难一蹴而就。这个时候，就需要我们树立研究者的心态，并将遇到的问题当作一个个挑战，当作提升专业的契机，不断进行"收集信息—制订计划—实施指导—观察反思—调整策略"的循环。

思考与练习

云测试：模块四

1. **材料题一：**

开学不久，小班王老师发现，李虎小朋友经常说脏话，虽然老师多次批评，但他还是经常说，甚至影响到其他幼儿也说脏话。

(1) 请分析李虎及其他幼儿说脏话的可能原因。

(2) 老师可以采取哪些有效的干预措施？

2. **材料题二：**

小班入园第二周，王老师发现小雅在餐点与运动后，仍会哭着要妈妈。老师抱她，感觉她身体绷得紧，问她要不要去小便，她摇头。老师又问："要不要去大便？"她点头。老师牵她到卫生间，她只拉一点就离开了。过一会儿，她又哭了。老师给她新玩具，和她一起玩游戏，但她的情绪还是不好。离园时，老师与她妈妈约谈，了解到小雅在幼儿园拉不出大便。

第二天早操后，小雅又哭了，老师蹲下轻声问："小雅是想上厕所了吗？"

她点头。老师带她上厕所,她又只拉一点就站起来了。"老师陪你多蹲一会儿,把大便都拉出来好吗?"小雅又蹲下,但频频回头。这时,自动冲厕水箱的水"哗"的一声冲出,小雅哇哇大哭,扑到老师身上。老师紧紧地抱着她,轻柔地说:"老师抱着你拉好吗?"老师将水龙头关小,把小雅抱到离冲水口远一点的位置蹲下,小雅顺利拉完大便。连续一段时间,老师们轮流陪小雅上厕所,并指导她观察、了解水箱装满水会自动冲水清洁厕所的原理。小雅渐渐适应了幼儿园的厕所,笑容回到了脸上。

请分析上述材料中教师的行为。

课程实践

1. 请在实习的过程中收集一个教师指导幼儿行为的案例,并进行评价。

2. 以小组为单位,尝试采用"有力的师幼互动"步骤,与幼儿进行互动。当一名同学进行互动时,小组其他成员进行观察记录,依次轮流进行。记录师幼互动的完整过程,并写下自我反思。

模块五
综合实践与讨论

模块导入

　　亲临教育现场，在一日生活各个环节中，面对一个个生动活泼的幼儿，我们究竟要观察些什么？我们可以选择什么样的方法进行观察？我们如何解读幼儿的行为并给予支持呢？本模块是对各类观察方法的综合运用，展现了如何在幼儿园的各类活动中对幼儿的各类行为进行观察与指导。在本模块中，我们也会看到诸多来自一线教师的观察案例，让我们一起借助他们的视角，去感知教育者们的真挚情感和专业反思，见证幼儿成长与发展的轨迹。

学习目标

1. 掌握各类行为中的观察要点。
2. 运用幼儿行为观察的各种方法观察并分析幼儿的行为。
3. 能针对幼儿的行为提出适宜的指导建议。
4. 能撰写较为完整的观察报告。

学习导航

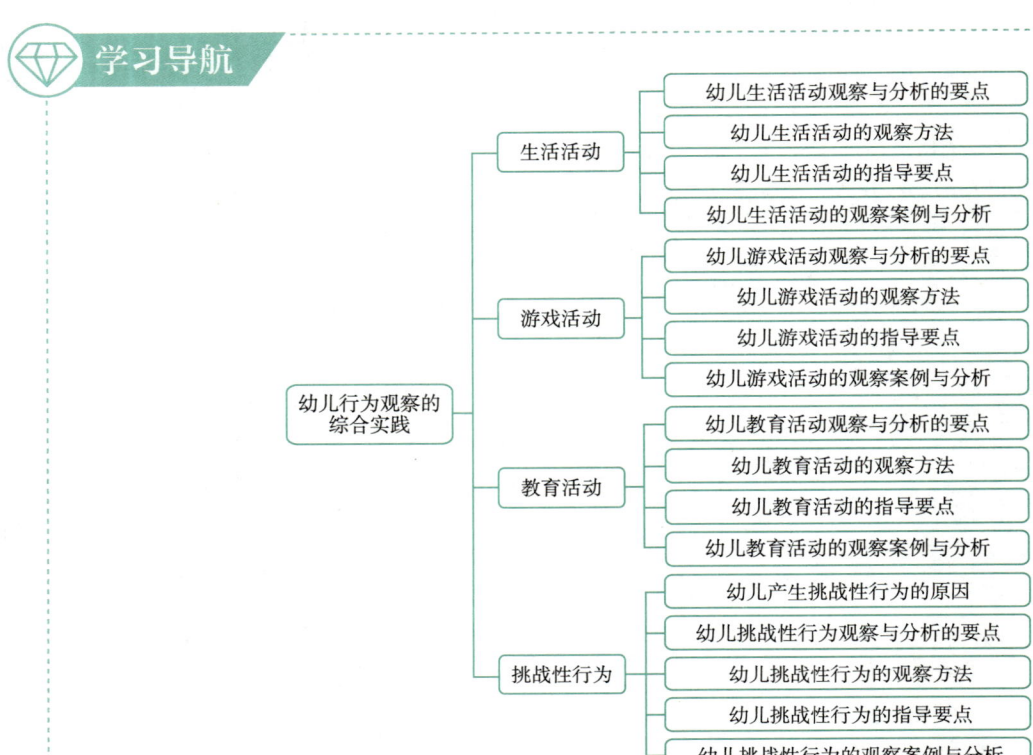

学习任务 5.1 生活活动

学习任务单

项目	内容	备注
学习目标	1. 能列举出幼儿生活活动中的观察要点 2. 能够选择适合的方法观察、记录幼儿在生活活动中的行为 3. 能够结合相关理论分析幼儿的行为 4. 能够针对幼儿的行为，给予科学合理的指导建议	
学习时数	2课时	
学习建议	1. 课前：结合平台资源、教材案例进行学习，并提出疑问 2. 课上：课中参与讨论，梳理观察与分析的要点 3. 课后：学习后运用所学知识做配套习题，并在实习中观察运用	
学习运用	能在实践中观察幼儿在生活活动的行为，并给予有针对性的指导	
学习收获与反思		学生填写

连线职场

刚刚从户外玩沙子回来，小朋友们都去盥洗室洗手，小 F 也走进盥洗室，打开水龙头，开始洗手。小朋友们陆续出来喝水，准备整理离园物品，小 F 还在盥洗室里继续洗手，第三次挤出洗手液在手上搓出泡泡……

想一想：小 F 为什么会出现这样的行为？如果你是现场的教师，你会怎么做呢？

学习驿站

生活活动是幼儿园中十分重要的一部分，占据了幼儿一日活动中相当比例的时间。幼儿园里"一日活动皆课程"，在生活活动中也蕴含着丰富的学习和发展契机。比如，在进餐环节中，可以培养幼儿良好的饮食习惯、对蔬菜的认知、自理能力、精细动作的发展等。而在幼儿的生活环节中，教师也会面临很多困惑，比如，幼儿为什么不愿意喝水？为什么一去盥洗室就会停留很久？因此，观察、记录幼儿的生活活动，不仅能了解幼儿各个方面的发展状况，而且能及时分析并根据幼儿的个性差异进行恰当的引导，帮助幼儿养成良好的生活习惯。

图 5-1　幼儿放水杯

（资料来源：三桥幼儿园）

微课：幼儿生活活动的观察与指导

▶▶ 一、幼儿生活活动观察与分析的要点 >>>>>>>

幼儿园的生活活动主要包括入离园、进餐、饮水、如厕、盥洗、午睡等环节，不同环境的观察要点有所区别，总体来说，可以从情绪和态度、能力两个方面观察幼儿的行为。同时，教师也需要观察周围的环境对幼儿行为的影响，不仅包括物理环境，也包括社会环境。比如就幼儿穿脱衣物的行为而言，储物柜的高低、环境空间的大小、幼儿衣物的款式等均会影响幼儿是否能够自主穿脱衣物。除此之外，教师态度、家庭的教养方式也会影响幼儿该能力和习惯的获得。具体参见表 5-1。

表 5-1　幼儿生活活动中的观察要点

幼儿的情绪和态度	幼儿的情绪是否愉快
	幼儿是主动发起、被动安排，还是抗拒的
	幼儿是否感兴趣
幼儿的能力	幼儿是独立完成，还是在成人或同伴的帮助下完成
	幼儿的完成质量和熟练度
	幼儿使用工具的能力
	幼儿的动作发展能力
	幼儿的社会交往能力
	幼儿的认知能力
	幼儿的安全意识
	幼儿的规则意识和集体意识
行为发生的环境	相关的物理环境，如储物柜的高低、环境空间的大小
	附近的重要人物及互动

做一做 ▶▶▶▶▶

请查看《指南》与《儿童观察记录》(COR)，梳理幼儿生活活动还有哪些观察要点。

二、幼儿生活活动的观察方法

在幼儿园中，教师经常采用检核的方式、逸事记录的方式来观察、记录幼儿的生活活动。行为检核的方式记录起来非常方便，也适用于对全班幼儿的记录，表5-2为幼儿在园午餐行为的检核表。当需要对幼儿的某一生活环节进行持续记录，或当幼儿经常出现某一行为（如挑食、不睡午觉）时，教师也会采用事件取样的方法。值得注意的是，生活活动中幼儿的行为变化是一个相对长期的过程，教师不仅要观察现阶段幼儿的行为表现，还要持续追踪幼儿长期的行为表现。

表5-2　幼儿在园午餐行为的检核表

幼儿姓名：		记录时间：	记录人：	
进餐习惯	是否愿意尝试不同食物	□是	□否	□其他_____
	是否能专注进餐	□是	□否	□其他_____
	是否能细嚼慢咽	□是	□否	□其他_____
	进餐速度	□较快	□适中	□较慢
幼儿食量		□较多	□适中	□较少
进餐情绪		□积极	□平静	□焦虑
使用餐具	是否能正确使用餐具	□是	□否	□其他_____
餐后整理	是否主动送餐具	□是	□否	□其他_____
	是否清理桌面	□是	□否	□其他_____

想一想

1. 教师想要对小西的挑食行为进行观察，可以采用什么方法？
2. 教师想对班级幼儿的喝水情况进行观察，可以采用什么方法？

三、幼儿生活活动的指导要点

不同的生活活动，教师的指导要点存在差异，总体来说需要遵循以下原则。

（一）创造良好的物理环境

教师需要创造合理的物理环境，有助于幼儿实现自我服务，如适宜幼儿身高的架子、标记不同玩具的位置以帮助幼儿把玩具"送回家"。

（二）给予幼儿练习的机会

生活能力的习得是长期的过程，教师需要创造机会让幼儿自我服务，让幼儿能做的事情自己做，并创造宽松的心理氛围，允许幼儿犯错，耐心等待幼儿成长。

（三）"寓教于乐"，帮助幼儿养成良好习惯

有时，教师也需要以有趣的方式帮助幼儿养成良好习惯。比如，有些幼

儿不喜欢洗手，教师可以将洗手步骤编成有趣的儿歌，让幼儿爱上洗手。

（四）家园合作

幼儿习惯的养成是长期的过程，也会受到父母行为的影响。例如，幼儿在家没有午睡的习惯，在幼儿园就非常难入睡；家长有挑食的行为，幼儿也会养成挑食的习惯。因此，在生活习惯的养成上，教师需要多与家长进行沟通，家园一致培养、巩固幼儿的生活习惯和技能。

▶▶ 四、幼儿生活活动的观察案例与分析 >>>>>>>>

幼儿生活活动包含的内容较多，以下列举了进餐、如厕、午睡三种类型活动的观察与指导案例。

（一）进餐行为

1. 幼儿进餐活动及观察要点

进餐是幼儿入园后需要面临的第一个难题，幼儿园的进餐活动（见图5-2）一般包括午餐、上午和下午的点心（寄宿制幼儿园还会提供早餐和晚餐）。关注幼儿的进餐行为不仅是为了培养幼儿良好的进餐习惯，也是为了通过良好的进餐习惯促进幼儿的健康成长。同时，对幼儿进餐行为的观察能够为家园沟通与配合提供必要信息，尤其对新小班的家长工作而言非常重要。幼儿进餐行为的观察要点如下：

（1）进餐情绪与态度：进餐情绪是否愉快，是否主动进餐。

图5-2　幼儿午餐（资料来源：三桥幼儿园）

（2）食量：食量是否过多、过少或适中。

（3）进餐习惯：是否愿意尝试不同食物，是否能专注进餐，是否能细嚼慢咽，进餐速度如何。

（4）餐具使用：会使用什么餐具，熟练度如何。

（5）餐后行为：是否主动送餐具，是否会清理桌面。

（6）进餐环境：在哪里进餐，进餐环境是否安静、轻松，提供了什么食物，幼儿是否能自行决定吃什么、吃多少。

2. 进餐行为的观察案例与分析

小Y（女，5岁1个月）是一名大班幼儿，平时吃饭非常慢，总是需要教师催促，为了帮助小Y养成良好的进餐习惯，教师对小Y进行为期两周的观察，并选择该幼儿的三次观察记录进行具体分析与反思，探究幼儿吃饭慢的原因，家园合作改善该幼儿吃饭慢的问题（见表5-3）。❶

---

❶ 案例来源：梁晋彤　杭州市萧山区城厢幼儿园。

表 5-3　小 Y 观察记录

观察对象	小 Y（女，5 岁 1 个月）	观察者	梁老师
观察时间	2021 年 9 月 7—10 日	观察方法	事件取样法与行为检核法
观察地点	大一班教室进餐区		
观察目的	观察小 Y 进餐情况，改善小 Y 吃饭慢的问题。		
观察要点	1. 幼儿吃饭所花的时间 2. 幼儿吃饭时的具体行为：幼儿吃饭时是否专心、是否挑食、没有吃饭的时候所做的事情 3. 教师的干预方式以及幼儿的应对		

观察记录	文字描述	时间	食物种类	经过	分析
		2021 年 9 月 7 日 点心时间	烧卖、绿豆汤	小 Y 午睡过后整理好自己的衣物，就端着餐盘坐在座位上，刚放下餐盘，就开始和旁边小朋友低声说着悄悄话。老师看向她之后，她开始拿起烧卖放进嘴巴，随后趁老师不注意就开始左边看看、右边看看，手中的烧卖还是没有吃。当周围小朋友陆续将餐盘送回之后，她依然慢吞吞地咀嚼着食物，还时不时和吃完的小朋友聊天，站起来看看自己的衣物，当老师提醒："没吃完点心的小朋友请加快速度哦！"小 Y 看了老师一眼，点了点头，坐回到座位，吃东西的咀嚼速度加快了一些，然后看向老师，还大大地咬了一口。当有小朋友走到她身边时，她就开始和别人聊天，两个人还讨论起新鞋子，她手中拿着烧卖，眼睛却看向自己的鞋子。当老师巡视一圈再看向她时，她仍然慢慢地咀嚼着食物。在老师站在她身旁提醒她坐端正加快速度时，她才开始专注地吃，不一会儿就吃完了。进餐时间持续了 26 分钟。	小 Y 独立起床后，就去点心桌端取了自己的点心，进食时的状态比较轻松，老师看向她之后，主动加快速度，说明能够积极回应老师的提醒并主动加快吃饭速度，同时也可以看出幼儿因为吃饭较慢而被老师或家长催促这件事已成为她自己的一种常态。在小 Y 吃饭过程中，可以看出她的进食比较有条理且习惯良好，也能发现小 Y 对于食物的态度并不是厌恶与挑剔，在老师提醒后，她对食物的态度还是比较积极且愿意接受的，主要的问题是进餐时社交情况较多且不能兼顾社交与进餐，同时进食速度较慢，关注周围事物超过了吃饭本身，如关注自己的衣物、和吃完饭的小朋友聊天等。
		2021 年 9 月 10 日 午餐时间	米饭、肉沫蒸蛋、双椒烩杏鲍菇、腐竹青菜	小 Y 端着餐盘走回座位，开始低着头吃饭，老师走过去时，她主动与老师分享："昨天妈妈告诉我，不吃饭就会变丑。"随后老师没有继续提问，而是提醒她先安静吃饭，一会儿再来分享。随后她继续拿起勺子一口口地吃着食物，当周围有小朋友聊天时，她一开始还抬起头看看，随后就低下头继续吃自己的食物，当老师再次走过来时，发现她将食	在与幼儿家长沟通这名幼儿进食情况较慢后，发现该幼儿在家也常会被家人催促加快吃饭速度，在家长的配合下，幼儿在家中也看了一些相关的绘本和图片，向幼儿介绍少吃或者不吃饭会生病或身体不健康，不能变漂亮。爱美的小姑娘

观察记录		时间	食物种类	经过	分析
	文字描述			物基本吃完,老师就鼓励道:"今天吃的速度很快!继续加油。"在得到老师的鼓励后,她很开心,加快了吃饭的速度。总共用时30分钟。	小Y就认为"不吃饭就会变丑"。可见孩子认为不认真吃饭会导致身体变形,担心自己变丑,进而转变了进食行为,加快了进食速度。在本次进食中,发现只要幼儿能够专注于自己的食物,她的进食速度就会明显加快,且在得到老师的肯定后,能更加积极地进食。
		2021年9月16日午餐时间	米饭、葱油鸭片鱼、莴笋炒百合、牛肉菠萝汤	小Y端着自己的餐盘向她的座位上走去,安安静静地坐下后就迫不及待地向旁边的小伙伴分享今天的食物,在听到午餐悠扬的音乐传出来后,开始压低声音说话,看到老师走来,开始拿起筷子夹菜吃,每次都只吃一小口,一边嚼一边左右看看,还时不时站起来摆弄着自己的餐巾,当老师看向她时,她坐到座位上,拿起筷子。随着越来越多的小朋友吃完饭送完餐盘,她又开始坐在座位上左看看、右看看,只是看看自己的食物,也不去吃饭,似乎等待着老师的提醒。在老师提醒时间后,小Y吃完了自己的食物。总共用时38分钟。	小Y吃饭观念虽然有所转变,能认识到吃好饭、专心吃饭的重要性,但在没有老师的提醒与鼓励的场景下,社交频次又开始增多,常常和周围的小朋友聊天,这次自主进餐时间又变长了。另外,在其他小朋友都认真进食的情况下,她还在整理衣服和自己的餐巾,缺乏时间观念,需要老师不断地提醒,可见自我约束能力依然较为薄弱。

行为检核			自发行为					他发行为					他发反应					特殊行为记录
观察次数	观察时间		吃饭	进食	拒绝进食	转移	其他	被鼓励	被询问	被请求	被命令	其他	吃完	进食	拒绝进食	以沉默回答	提出请求	其他	
1	9.7		√	√				√	√	√	√		√	√					
2	9.10		√	√		√								√					
3	9.16		√	√		√		√	√	√			√	√					

分析与反思

　　结合小Y进餐的观察记录与《进餐行为检核表》,我发现该幼儿进食行为较为被动,但却无消极的他发反应。在老师提醒、鼓励等行为之后,她依然可以继续进餐直到吃完。

　　从观察中可以看出,小Y没有挑食行为,也能熟练使用餐具,她进食速度慢的原因主要在于吃饭不专心,喜欢与他人聊天。因此,在家园配合下,开展了进食的相关绘本阅读及进食相关知识的讨论活动;根据第二次观察,可以发现幼儿改变了对进食的认识,不仅关注各类食物的好处,也在心中形成"不吃饭就会变丑"的一种认识,使她更能够专注于进食活动本身,主动进餐,速度也进一步加快。在后续的推进观察中,发现幼儿的良好的进食习惯没有得以保持,反而出现了反复的状况,同时发现小Y平时时间观念不强,有拖拉、做事慢的情况。例如,在进食中,小Y过于依赖成人对她的提醒、等待老师提醒时间等。因此,小Y进食的自主意识还有待提高,同时应该进一步帮助幼儿确立良好的时间观念,并能够从一日生活的方方面面培养幼儿专注于自己行为本身的良好品质,进而帮助小Y将良好的进食行为保持下去,使其成为一种"常规"行为。

指导策略	根据上述分析，我们对小Y确立指导的目标为：培养小Y专心吃饭的习惯，能在没有成人的提醒下专心吃饭。具体措施如下： 1. 与孩子商量，明确正确行为，并说明理由：如饭菜冷了吃不利于健康，用餐时间过长不利于消化，还会增加龋齿的风险，而吃完就能与小朋友一起看书、玩游戏、散步等。 2. 约定吃饭时间为30分钟，准备一个时钟或沙漏让孩子看到时间，时间到了就会结束吃饭环节。 3. 增加上午活动的运动量、控制上午点心的时间，让小Y有饥饿感。吃饭是人的本能，如果不饿会减少对吃饭的兴趣，并容易吃饭缓慢、不专心，因此需要让幼儿在进餐时间有饥饿感。 4. 对于幼儿专注吃饭的行为进行及时强化，如采用光盘印章兑换"心愿券"，在规定时间进餐并光盘的幼儿可以获得光盘印章，每周一兑换，换取"心愿券"（比如，和好朋友共进午餐、和好朋友合照、获得手工奖励等）。 5. 培养小Y的时间观念与自主意识。 小Y在平时也存在做事拖拉、需要成人不断催促的情况，时间观念较弱、自主意识不强是小Y吃饭慢的重要原因。因此，在后续的一日生活各个环节可以采取"竞赛性的时间小游戏"的方式，培养幼儿时间意识，如"一分钟有多久"等，并结合沙漏等计时工具让幼儿感知时间。采用讨论、分享、游戏、鼓励等手段帮助幼儿学会自我管理和约束的方式方法，可以请孩子自己成为午餐小助手，不仅激励自己，还要提醒别人，鼓励幼儿自己制订小计划，在幼儿按计划实行后及时给予鼓励措施，帮助幼儿养成自我约束与管理的良好行为习惯。 6. 培养幼儿专注力。 幼儿进食过程中常常出现的"关注周围事物""和别人聊天"等行为，还与幼儿以无意注意为主、易被周围事物吸引、抗干扰能力较弱有关，因此在后续的一日生活中，更要培养幼儿的专注能力，使其能够专注地完成每一件事，包括进食。因此，可以投放有助于培养幼儿专注力的材料如拼图等，并在各类活动中，有意识地帮助幼儿明确目的，提供安静氛围。 7. 与家长沟通，家园一致培养小Y专心进餐的习惯，并培养小Y的自主意识和专注力。

(二) 如厕行为

1. 幼儿如厕行为及观察要点

如厕是幼儿日常生活中非常频繁且重要的事情，新入园的幼儿很容易因为进入新环境的紧张焦虑影响到如厕行为，如不愿意在幼儿园解小便、尿湿裤子等。幼儿如厕能力的发展会影响幼儿的生理健康、自理能力以及自信心、自主感，对幼儿人格的发展具有重要影响。

以下是观察幼儿如厕行为的要点：

(1) 如厕的动机：是幼儿自身需求、模仿他人，还是教师的要求，是主动如厕，还是在教师的提醒下如厕。

(2) 如厕时的状态：情绪状态如何，是否有紧张、恐惧的情绪。

(3) 是否有尿床、尿裤子的行为。

(4) 是否能自理，如穿脱裤子、擦屁股。

(5) 如厕环境：物理环境如何，有哪些人在场，教师是否提供适宜的支持等。

2. 幼儿如厕行为的案例

入园一段时间，教师发现贝贝在幼儿园里有憋尿的现象，总是憋得很急了，才来找老师，有时候还把小便解到身上。从贝贝妈妈那里了解到：贝贝以前不会憋尿，但是自上幼儿园以来，贝贝在家中也出现了憋尿行为。于是老师采用事件取样的方式对贝贝的如厕行为展开观察（见表5-4）。

表 5-4　贝贝观察记录

观察对象	贝贝（女，3岁半）	观察者	郭老师
观察时间	10月9日 9:05—14:30	观察方法	事件取样法
观察地点	小三班教室		
观察目的	观察贝贝的如厕行为，减少贝贝在幼儿园里的憋尿行为。		
观察要点	1. 幼儿的如厕环境。 2. 幼儿是否主动如厕。 3. 幼儿是否能在教师的提醒下如厕。 4. 幼儿如厕时的反应。 5. 幼儿如厕自理的能力。		
观察记录	9:05，老师请小朋友去解小便、洗手、喝水，贝贝坐在椅子上没有动，老师看着她重复了一遍："贝贝，有小便吗？有的话要去解掉哦。"贝贝眼神飘忽地摇摇头。老师又说："那你去喝点水吧。"贝贝这才站起来去喝水。 　　9:55，户外活动回来，老师再次让小朋友去解小便、洗手，准备吃点心。贝贝又坐在椅子上。老师说："贝贝，你要去解小便吗？我陪你去吧。"贝贝皱了皱眉头，说："我没有小便。"老师说："那你要去把小手洗干净了，我们要吃点心了。"贝贝这才去洗手间洗手，出来吃点心。 　　10:30，贝贝走到老师身边，一边跺着脚，一边着急地说："解小便！解小便！"小手还紧紧地抓着老师的手，拉着老师往洗手间的方向走。于是，老师带着贝贝来到洗手间，准备让贝贝在厕所里第一个隔间解小便，可是贝贝看了看，不愿意进去，说："这是哪个小朋友尿出来了呀？"走到第二个、第三个，贝贝都不满意，最后贝贝勉勉强强地进入了第四个隔间，拉了拉裤子，说："我脱不下来。"老师赶快帮贝贝往下拉裤子，一边拉一边说："等一下裤子脱好了才能解哦！"可是裤子拉到一半，贝贝就解出了，贝贝无辜地说："我憋不住了……"老师赶紧带贝贝去换裤子。 　　12:00，午睡前，老师让小朋友们先去解小便，贝贝直接绕过老师，往午睡室走，老师牵着贝贝的手，说："贝贝，你去试一试有没有小便，已经没有裤子换了，我陪你去吧。"贝贝着急地要把手抽出来，说："我没有小便！" 　　14:30，午睡起床，贝贝说："我要解小便。"还没走出午睡室，贝贝的裤子就湿了，老师赶紧给贝贝的妈妈打电话，帮贝贝擦洗好，让贝贝在床上盖着被子，等着妈妈送裤子来。		
分析与评价	贝贝在上幼儿园之前并没有憋尿的行为，可见贝贝这个憋尿行为是到了幼儿园以后才开始的，而非器质性的问题。 　　老师每次主动询问贝贝要不要小便时，她总是说自己没有小便，在很着急要小便的时候才会寻求老师的帮助，还要选择干净的厕所隔间。因此贝贝不愿意主动上厕所有可能是还不习惯在幼儿园上厕所，可能是嫌弃卫生间脏或者是不习惯幼儿园的环境，也有可能幼儿园里发生过某件和小便相关的事情给贝贝造成了影响。 　　此外，贝贝不会自己脱裤子解小便，每次小便需要求助于老师，这可能也是贝贝不愿意上厕所的原因之一。		

续表

指导与反思	1. 营造轻松的氛围，建立幼儿对幼儿园的安全感、信任感，建立积极的师幼关系。小班幼儿刚来幼儿园不久，对幼儿园的环境不熟悉，这会影响幼儿的如厕行为。即使幼儿尿在裤子上，依旧要保持宽容的态度，对幼儿说"没有关系"，并引导幼儿下次记得早点跟老师说，缓解如厕给幼儿带来的压力和紧张感。 2. 提升贝贝的穿脱裤子、擦屁股的自理能力。贝贝需要在老师的帮助下脱好裤子才能如厕，不具备独立如厕的能力。若是幼儿想要解小便时教师没有及时帮忙脱下幼儿的裤子，也会出现幼儿把小便解在裤子上的问题。遇到这种情况就特别需要家长的配合，家长尽量要在家中教会幼儿如何如厕，包括穿脱裤子、擦屁股等。在幼儿园，教师可以在幼儿睡午觉前后尽量鼓励幼儿自己穿脱裤子，耐心地站在边上用语言、动作进行指导，帮助其学会自主穿脱裤子，在幼儿如厕之后指导幼儿自己擦屁股、穿裤子。 3. 改善如厕环境。保持厕所环境整洁，了解幼儿家庭如厕的环境，营造家庭式的厕所环境。

(三)午睡行为

1. 幼儿午睡行为及观察要点

幼儿园每天都会有午睡环节，午睡质量会影响到幼儿的生长发育和身体健康，且在上午长时间的学习和游戏后，通过午睡及时补充精力也是必要的。

幼儿午睡活动的观察要点包括以下几个方面：

(1)幼儿对午睡的态度：幼儿对午睡的态度是接受还是抗拒；主动睡下还是需要老师的引导。

(2)入睡方式：幼儿是否容易入睡；是否需要成人陪伴入睡；是否需要安抚物的陪伴；是否需要成人带离午睡室。

(3)幼儿的入睡时间：能否睡着；在午餐过后多久进入午睡环节；躺下后多久能入睡；入睡时间持续多长。

(4)午睡过程中的状态：是否出现出汗、发热、惊醒等情况。

(5)午睡后的状态：幼儿醒来后的状态是开心的、清醒的、疲惫的，还是哭泣的；幼儿睡醒后做什么，是安静地躺着，还是迅速起床穿衣，冲去厕所，还是与其他幼儿互动。

(6)幼儿的午睡环境。

2. 幼儿午睡的案例分析

小X经常不午睡，而且在午睡时经常上厕所、发出声音影响其他幼儿，因此老师用实况详录法的方式记录小X的午睡行为，探究小X入睡困难的原因，寻求应对策略(见表5-5)。

表 5-5　小 X 观察记录

观察对象	小 X（女，3 岁半）	观察者	郭老师
观察时间	11 月 13 日 12:00—13:05	观察方法	实况详录法
观察地点	小三班教室		
观察目的	分析小 X 入睡困难的原因，帮助小 X 尽快入睡。		
观察要点	1. 睡前的状态：是否有明显疲劳表现或困意。 2. 是否自觉做好睡前准备工作。 3. 幼儿是否自觉睡下。 4. 幼儿是否睡着，睡着了多久。 5. 幼儿在什么情况下能够睡着。 6. 幼儿还没睡着的时候做什么事情。		
观察记录	12:00，小朋友们收拾玩具，去解小便，做睡前准备。小 X 抱着小恐龙，第一个进入洗手间。12:05，小朋友们陆续出来，小 X 还待在洗手间里，站在其中一个厕所隔间门口不动。老师说："小 X，你上过厕所了吗？"小 X 说："还没有呢。"老师说："那你要快一点了，我们要去午睡室了。"小 X 这才进入隔间，一边解小便，一边着急地喊着："等等我！" 　　12:10，小 X 进入午睡室，一边走，一边和旁边的小朋友说："你怎么还没有整理好？"老师提醒："小 X，快点脱衣服，准备午睡了。"小 X 开始脱衣服，慢慢把衣服叠得整整齐齐。 　　12:20，小 X 抱着小恐龙，躺进被窝里。"小恐龙，快睡觉……""这是我的小恐龙，它是霸王龙！""啦啦啦啦啦，啦啦啦啦啦……"小 X 躺在床上自言自语着。"小 X，不要说话了，别的小朋友要睡觉了。"小 X 说："老师，我要上厕所。"老师说："你不是刚刚上完厕所吗？我还陪着你去的。"小 X 说："我就去 8 次"。 　　12:40，小 L 说："老师，我想上厕所。"老师让他披上斗篷去洗手间。小 X 马上说："我也要上厕所！"老师让小 X 也披上斗篷去上厕所，小 X 往厕所间走，在还没睡着的小朋友旁边停下来，说："我去上厕所……"老师说："小 X，快点去，别着凉了。"小 X 才继续往洗手间走。 　　12:45，小 X 重新躺下。12:55，小 X 说："老师，我要上厕所，我有的。"老师说："你刚刚才去过，睡觉吧。小 X 最棒了，小 X 睡觉最好了，我们马上就睡着了，你看小恐龙都睡着了，快陪小恐龙一起睡。" 　　13:05，小 X 睡着了，睡到了 14:30。		
分析与评价	小 X 是一个活泼好动但也比较"磨蹭"的孩子，比如，在这次的观察中，午睡前的解小便环节她就在厕所门前待着不动，直到其他小朋友都解完小便老师催促了她才急急忙忙去小便。进入午睡室，小 X 在老师的催促下才开始脱衣服，又慢吞吞地把衣服叠整齐，躺进被窝就开始说话、自言自语。在与其妈妈的交谈中发现，小 X 在家也是这样的状态，什么事情都需要成人的催促。幼儿由于发展不成熟，在做一件事情时容易受到外界因素的影响，加上时间观念比较淡，导致出现三心二意、磨磨蹭蹭的状态，如果其对一件事情没有兴趣，则更加容易拖拉。如果成人经常催促，不但无法改善磨蹭的习惯，反而可能让幼儿产生依赖。 　　小 X 躺下没多久就又想去厕所，被老师劝住以后，其他小朋友去厕所时她又提出来想去厕所，去完厕所回来在老师的鼓励下才终于睡着，全程大概 1 小时。需要说明的是，平时小 X 小便频率并不高，一般是 1 次/1～1.5 小时，而在午睡时，如果小 X 没有睡着，一般一次午睡需要上 3～4 次（包括午睡前统一上厕所那次），因此小 X 频繁上厕所并非器质性问题，有可能是因为不想睡觉或者心理作用。 　　根据家长反映，小 X 在家中并没有睡午觉的习惯，在晚上睡觉的时候，也不会总要上厕所。由此可以看出，由于小 X 在家中没有睡午觉的习惯，来幼儿园睡午觉会有些不适应，午睡时频繁上厕所有可能是她不想午睡或者不想总是躺着。		

续表

指导与反思	很多幼儿确实属于午睡时无法立即入睡的，要过一段时间才能慢慢入睡。但是小X睡不着的时候会自言自语发出声音，去小便的路上还要和别的小朋友说话，会影响他人午睡，这种情况下教师是需要干预的。案例中的小X重点需要解决影响他人午睡和反复想上厕所的问题。 小X在午睡中主要出现三个问题，第一是入睡准备阶段比较磨蹭，第二是还不能自主午睡，第三是还没睡着时会说话或者频繁上厕所，影响其他幼儿午睡。因此，我们主要针对这三个问题来制订指导计划。 第一，小X的磨蹭行为并不仅仅体现在午睡准备中，还在一日生活中的其他方面。可以从这几个方面进行干预： 1. 帮助小X建立时间观念，养成参照时间来行动的习惯，可以用沙漏等方式来提醒小X时间。 2. 与小X协商制订生活计划，当计划完成时给予鼓励。 3. 与家长沟通，建立规律的生活作息，少催促、不包办。 第二，针对小X不想睡午觉的行为。可以从以下几个方面进行干预： 1. 进行家园沟通，在家中如果能养成规律的作息，坚持午睡，能让小X更好地养成午睡习惯。 2. 营造良好的午睡氛围，形成午睡常规。如午睡时间到了，老师可以播放音乐或故事，逐步关灯。 3. 在午睡之前的如厕环节，可以暗示小X之前已经上过厕所了，减少中途上厕所的频率。 4. 在刚开始老师可以给予小X一定的陪伴，帮助其快速入睡。 5. 增加上午的活动量，让幼儿更快入睡。 6. 继续观察小X的午睡时间，如果小X属于入睡时间较迟，且午睡时间较短，也可以与小X约定在其他幼儿入睡之后可以先在一旁安静活动，晚一些再睡。 第三，针对小X午睡影响他人的行为，进行积极干预。幼儿的午睡行为存在个体差异，但是如果会影响到其他幼儿，便要进行干预。老师可以在她上完厕所或者在午睡之前，耐心地与其沟通："老师知道你可能是躺下去睡不着，是不是？但是如果你发出声音，或者走来走去，其他小朋友也会受到影响，你觉得可以怎么做既能够帮助自己入睡又不会打扰别的小朋友呢？"引导幼儿可以在床上进行安静的活动或者绕开其他幼儿轻轻地去上厕所。

小试牛刀

请扫描二维码，观察记录视频中某小班幼儿洗手的行为，并进行分析。

_____
_____
_____

视频：幼儿洗手　　云测试：小试牛刀

学习任务 5.2　游戏活动

学习任务单

项目	内容	备注
学习目标	1. 掌握幼儿游戏中的观察要点 2. 能够选择适合的方法观察、记录幼儿在游戏中的行为 3. 能够结合相关理论分析幼儿的行为 4. 能够针对幼儿的行为，给予科学合理的指导建议	
学习任务	1. 观察、记录幼儿在游戏中的行为 2. 分析幼儿在游戏中的行为 3. 指导幼儿在游戏中的行为	
学习时数	2 课时	
学习建议	1. 课前：课前结合平台资源、教材案例进行学习，完成相关测试题，并提出疑问 2. 课中：学习时认真听讲，梳理观察与分析的要点 3. 课后：学习后运用所学知识做一些配套习题，并在实习中观察运用	
学习运用	能在实践中观察幼儿在游戏的行为，并给予有针对性的指导	
学习收获与反思		学生填写

连线职场

区域游戏开始后，小朋友们都去选择了自己喜欢的区域游戏，小 M 站在益智区的柜子旁边看了很久，每次老师看向他的时候，小 M 马上把视线从玩具上收回来，在区域中间徘徊。老师问他："你想玩什么区域呀？"小 M 马上摇摇头，走开了……

想一想：小 M 为什么会出现这样的行为？如果你是教师，你会如何制订观察计划，并对小 M 进行观察和指导呢？

学习驿站

游戏是幼儿园的基本活动，也是幼儿的生活方式与学习方式。幼儿通过游戏来认识周围的世界，也通过游戏来发展自己的各项能力，如动作、认知、社会交往能力等。游戏是幼儿主导的活动，幼儿在游戏中展现出的是最真实的状态，能反映幼儿最真实的发展水平，因此是教师观察、了解幼儿的重要窗口。但在游戏中观察什么、怎么观察也是让一些教师感到困惑的问题。教师只有明晰幼儿游戏中的观察与分析要点、制订观察计划、掌握系统的观察方法，才能在幼儿的游戏中获得更多信息，充分了解幼儿，并给予恰当的支持。

图5-3　沙水游戏

▶▶ 一、幼儿游戏活动观察与分析的要点 ▷▷▷▷▷▷▷▷

幼儿游戏根据不同的角度可以分为不同的类别，如按照认知发展的角度可以分为感觉运动游戏、象征性游戏、建构游戏和规则游戏，按照教育目的划分，可以分为创造性游戏和规则性游戏。不同类型的游戏观察要点有所不同，一般来说，可以从幼儿行为的观察与游戏环境的观察两方面来进行观察和分析幼儿的游戏，具体可参见表5-6和表5-7。

微课：幼儿游戏的观察与指导

表5-6　幼儿游戏行为观察要点及发展提示❶

	观察要点	发展提示
表征行为	能够清楚地分辨自我和角色以及真和假的区别	自我意识
	出现哪些主题和情节	社会经验范围
	动机出自物的诱惑、模仿、意愿	行为的主动性
	行为仅仅指向物还是指向其他角色	社会交往与语言表达
	行为指向哪些相对应的角色	社会关系认知
	行为与角色原型的行为、职责的一致性程度	社会角色认知
	同一主题情节的复杂性和持久性	行为的目的性
	行为是以物品为主还是以角色关系为主	认知风格
	是否使用替代物进行表征	表征思维的出现
	同一情节中是否使用多物替代	想象力
	替代物与原型之间相似的程度	思维的抽象性
	用同一物品进行多种替代	思维的变通和灵活
	用不同物品进行同一替代	思维的变通和灵活
	对物品进行简单改造后再用以替代	创造性想象

---

❶ 上海中小学课程教材改革委员会编著：《上海市学前教育课程指南解读》，14页，上海，上海教育出版社，2005。

续表

	观察要点	发展提示
构造行为	关于结构材料拼搭插接的准确性和牢固性	精细动作与手眼协调
	关于造型是先做后想，还是边做边想，或先想好了再做	行为的有意性
	构造哪些作品	生活经验
	是否按一定的规则对材料的形状、颜色有选择地进行构造	逻辑经验
	注重构造过程还是不同程度地追求构造结果	行为的目的性
	是否会使用多种不同的材料搭配构造	创造力与想象力
	构造作品外形的相似性	表现力
	构造作品的复杂性	想象的丰富性
	是否能探索和发现材料特性并解决构造中的难题	新经验与思维变通
合作行为	独自游戏、平行游戏还是合作游戏	群体意识
	更多主动与人沟通还是被动沟通	交往的主动性
	更多指示别人还是跟从别人	独立性
	是否会采用协商的办法处理玩伴关系	交往机制
	是否会同情、关心别人和博得别人的同情与关心	情感能力
	交往合作中的沟通语言	语言与情感的表达与理解
	是否善于调整自己的行为以适应他人	自我意识
规则行为	是否能爱惜物品、坚持整理玩具、物归原处等	行为习惯
	是否使用一定的规则解决玩伴纠纷	公正意识
	是否喜欢规则游戏	竞赛意识
	是否自觉遵守游戏规则	规则意识
	是否创造游戏规则	自律和责任
	游戏规则的复杂性如何	逻辑思维

当然，教师也可以结合《指南》《纲要》的精神和要点、幼儿的年龄特点、成长背景、幼儿的生活和课程经验等进行观察与分析。[1]

除此之外，由于幼儿的游戏是在与环境的互动中开展的，游戏环境对于幼儿的行为有相当大的影响，因此观察幼儿的游戏环境也十分重要，包括物理环境和社会环境。物理环境包括场地、材料、游戏时间等，社会环境主要是师幼互动。

表 5-7　游戏环境观察

	观察要点
物理环境	游戏时间：在什么时候游戏？游戏时间多久？是否充足？
	游戏空间：在哪里游戏？多大的场地？空间密度如何？地面材质是什么？是否安全？
	游戏材料：材料数量、材料种类、材料的结构性、材料的难度如何？
社会环境	教师对游戏的态度？教师的准备是否充分？教师的介入时机和角色是什么？介入的效果如何？

---

[1] 董旭花、韩冰川、刘霞等：《幼儿园自主游戏观察与记录——从游戏故事中发现幼儿》，17 页，北京，中国轻工业出版社，2015。

做一做

请查看《指南》与《儿童观察记录》(COR),梳理幼儿游戏活动的其他观察要点。

▶▶ 二、幼儿游戏活动的观察方法 >>>>>>>

常见的幼儿游戏活动观察方法分为三种,即扫描观察法、定点观察法和追踪观察法。三种方法及其适用情境参见表 5-8。在实际操作的过程中,我们往往将三种方法综合运用。

微课:幼儿游戏的观察记录方法

表 5-8 三种常见的游戏活动观察方法

名称	使用方法	适用情境
扫描法	对全班幼儿进行轮流扫描观察	一般在游戏开始和结束的时候适用较多,适合了解全体幼儿的游戏情况
定点法	即定点不定人法,观察者固定在游戏中的某一地点进行观察	一般在游戏的过程中使用该方法,可以获得该主题或区域内幼儿游戏的具体情况,如幼儿的交往情况、游戏情节的发展、使用材料的情况等
追踪法	即定人不定点法,观察者事先确定某个观察对象,观察、记录该幼儿游戏全过程	适用于对某个幼儿游戏全方位地了解,获得详细的信息。在该方法中,可以采用图示的方式对幼儿的行动轨迹进行记录

在记录方式上,我们之前所学过的描述的方法、取样的方法以及评定的方法对幼儿游戏均适宜,需要根据具体情况进行选择,并综合利用。

想一想

1. 教师想要观察本班幼儿的区域选择,可以采用什么方法?
2. 小 A 经常在游戏中与其他幼儿争抢玩具,可以采用什么方法?

▶▶ 三、幼儿游戏活动的指导要点 >>>>>>>

幼儿游戏活动的指导应基于对幼儿行为的观察与分析,在最近发展区内进行引导,因此,掌握幼儿在各类游戏各关键经验的发展序列是有效支持的前提。在指导方式上,按照时间顺序可以分为在游戏开展之前的指导、游戏中的指导以及游戏后的指导。

(一)游戏开展之前的准备

游戏开展之前,教师主要需要进行下列准备:
(1)创设游戏环境,投放多层次的材料。

学习笔记

(2)支持幼儿选择，开展不同类型的游戏。

(3)为幼儿提供必要的经验准备，如角色游戏中，幼儿需要对不同角色有一定的认识。

(二)游戏中的支持

在游戏进行的过程中，教师需要观察幼儿在游戏中的表现，在干预之前，务必需要了解清楚幼儿在做什么，是否需要教师的干预，以免对幼儿造成干扰。常用的介入方式有以下几种：

(1)以游戏角色身份进行介入。该方式可以在不破坏幼儿游戏情境的前提下支持幼儿的游戏，并对幼儿起到一定的示范作用。

(2)材料介入的方式。教师也可以通过投放、调整材料的方式进行介入。如在建构游戏中，某个幼儿在搭建天安门，但是想不起来天安门的细节，此时，教师便打印了一张天安门的图片，给该幼儿提示。

(3)采用语言直接介入的方式。教师也可以直接以教师的角色，在幼儿游戏的过程中用询问、建议、鼓励的语言推进幼儿的游戏。在运用该方法时，注意尽量不要破坏幼儿的游戏氛围，以免幼儿对游戏失去兴趣。

(三)游戏后的支持

在游戏结束之后，教师需要支持幼儿对游戏进行分享、反思、评价，并为后续活动进行计划、准备。

▶▶ 四、幼儿游戏活动的观察案例与分析 ▶▶▶▶▶▶▶▶

幼儿游戏种类繁多，在幼儿游戏中，我们也可以观察到幼儿各个方面的发展状况，在这里主要介绍幼儿建构游戏中的观察、幼儿在游戏中社会性水平的观察以及对幼儿户外体育游戏的观察。

(一)幼儿建构游戏中的观察

1. 幼儿建构游戏及观察要点

一般也称结构游戏，是指幼儿利用各种建构材料或玩具构造物体形象的一种游戏活动，根据建构材料，可以分为积木、积塑、拼板、沙雪等。建构游戏可以丰富幼儿的认知经验，促进幼儿大小肌肉群的发展，激发幼儿的创造力，培养幼儿细心、耐心、坚持性等个性品质。

在幼儿进行建构的过程中，我们可以从以下几个方面进行观察：

(1)观察幼儿对建构游戏的兴趣。

(2)幼儿的建构主题。

(3)建构游戏的目的性、计划性以及建构稳定性。

(4)幼儿的建构能力，如平铺、堆高、架桥、围合、模式、表征等建构技能的使用，对各类材料的运用等。

(5)幼儿在建构中所体现出的其他发展方面，如社会交往、问题解决、数学认知、艺术创造等。

（6）游戏环境和条件，如游戏材料的准备、游戏时间、教师的支持情况等。

2. 幼儿建构游戏的案例与分析

王老师所在的幼儿园设计了幼儿建构游戏的观察表格，罗列了幼儿建构游戏的评价指标，教师可以采用检核法和逸事记录相结合的记录方式，图文并茂地展现幼儿建构游戏的态度与其在游戏中所体现出来的发展水平，并呈现幼儿的建构过程及作品。表 5-9 为王老师的观察记录。

表 5-9　幼儿建构游戏的观察与评价❶

观察时间	2021 年 03 月 23 日 15:00—15:50	观察地点	一楼建构室
班级	中四班	观察者	王老师
观察目的	观察幼儿在建构游戏中的发展状况	观察方法	行为检核法、逸事记录法
观察对象	小令：男，4 岁 9 个月 小宇：男，5 岁 1 个月		
观察内容	1. 幼儿建构游戏的兴趣以及目的性 2. 幼儿对材料的选择和使用 3. 幼儿的建构技能 4. 幼儿在建构游戏中的情绪和专注力 5. 幼儿在建构游戏中的社会性水平		

评价指标		观察记录（在相关选项中打"√"）	
		小令	小宇
兴趣与目的	不投入，无目的、无主题		
	目的不明确，易附和他人		
	能确定建构主题，但会出现变化		
	积极主动参与游戏，目的明确，能坚持并深化游戏内容	√	√
材料的运用	只拿着玩，不会搭		
	对积木形、色有选择，意识不强		
	有意识地选用材料，反复尝试	√	√
	迅速选定材料，并能综合运用材料		
	对材料进行替代使用，创造性地使用材料		
建构形式	简单排列、堆高、铺平		√
	能架空搭门等造型	√	
	能围封建构	√	
	造型比较复杂	√	√
	能运用对称等方式建构	√	√
	按特定形象建构，形象逼真，能进行装饰等	√	

---

❶ 案例来源：王春燕　杭州市上城区钱新幼儿园。

续表

兴趣与目的	注意时间较短，容易被其他事件分散注意力		
	一般情绪状态，脸上表情较单一		
	情绪良好，投入游戏	√	√
	情绪积极，能专注、长时间地投入游戏	√	√
社会性水平	独自搭建		
	平行搭建	√	√
	联合搭建		
	合作搭建	√	√

描述记录：

在"我身边的建筑物"主题活动期间，小令利用建构室中的积木材料进行搭建。刚开始的五分钟，小令一个人在搭建。五分钟后，小宇在他的作品边上也搭了起来，大约10分钟后，他们分别搭建了一座高楼（如下图：小令搭的A座，小宇搭的B座），小令对小宇说："我们搭一个天虹商场吧！"两个人找来了更多的木板把两座建筑物围在了中间，接着开始不断向边上扩展，小宇自豪地对我说："老师，天虹这一片的路叫什么名字我都知道。""那这边叫什么？"我指着A座边上说。"这边叫新塘路。""那新塘路这边有路口进入天虹广场吗？""当然有了！""要不我们在这边搭出它的入口吧！"一旁的小令一边说，一边找来了一块拱形积木，加在了接出来的地方。"这里出来就是新塘路了！"小宇说道，"这边是主入口，开车用的。""那人从哪里过呢？"我问道。"这里，这个角当作行人入口。"小令说着换掉了一个围墙角的长积木，改成了一些小积木。"对了，天虹B座这边还有一个地下车库入口。"小令一边说着，一边在建构室里找着什么，不一会儿，他找来了一根空心的弯管玩具加在了围墙的另一个角。"这里就是地下车库入口！"小令自豪地说着。"这是外面的围墙，这是商场的路口。这里是车子的路口，这里是行人的路口，这是地面停车场，这里是地下车库的路口。"小令很详细地介绍着自己的作品。"天虹中间好像还有个连廊吧！"我在边上提醒着。"是的。"于是，小令又找来了几根圆柱体积木和长条形积木放在两个作品中间，架出了一座连廊。

分析与评价：

（1）两名幼儿对建构游戏表现出较高的兴趣，游戏一开始便能投入其中，情绪稳定，很快选定了自己想要的材料，而且两名幼儿的游戏目的明确，整个游戏持续时间约40分钟，过程中两人几乎一直未离开搭建场地。

（2）能选择适宜的材料搭建熟悉的建筑物，想象力丰富。两名幼儿在游戏过程中，恰当地选择与建筑物相似形状的积木进行有主题的搭建。

（3）在建构技能方面，中班的幼儿已经具有一定的建构技能，在本次建构游戏中出现了垒高、架空、组合、延长等多种建构形式，搭建的作品较为丰富，细节突出。相对而言，在本次建构中，小令的建构水平要比小宇高，能熟练运用架空、围封的技能，并能对建筑物的细节进行装饰。

（4）游戏中幼儿表现出良好的社会性水平。本次游戏前期出现的是"平行游戏"，两名幼儿各自搭建作品，只是偶尔相互传递材料，后来两人之间出现了"合作游戏"的行为。性格外向的小令在看到两座建构作品时，主动邀请了小宇，通过加围墙、加中间连廊等方式，两人最终共同搭建完成了作品——天虹商场。

下一步教育计划：
(1)肯定幼儿的想象力，请幼儿将自己的作品与同伴分享，鼓励幼儿进行其他作品的搭建。
(2)丰富经验，引导幼儿尝试做游戏计划，或者鼓励幼儿在搭建游戏之后，将自己的作品记录下来与同伴分享，也可以组织全体幼儿观察一些复杂结构的作品，在游戏过程中恰当引导其观察其他幼儿的作品。
(3)继续做好跟踪观察与评价，持续了解该幼儿在建构游戏中的游戏水平。

（二）幼儿在游戏中社会性水平的观察

1. 幼儿在游戏中的社会交往及观察要点

在幼儿的游戏中，我们可以观察到幼儿的社会交往水平，可以从以下几个方面进行观察：

(1)幼儿是独自游戏、平行游戏还是合作游戏。
(2)幼儿是主动与人沟通还是被动沟通。
(3)幼儿如何处理与他人的冲突。
(4)幼儿是否体现出同情、关心等亲社会性行为。
(5)幼儿在交往中用什么样的沟通语言。

2. 幼儿在游戏中社会性水平的案例与分析

徐老师想要了解本班幼儿 C1 在各类游戏中的社会性水平，他根据美国学者帕顿（Parten，1932）对儿童社会性行为的分类方式进行观察。徐老师采用了时间取样观察记录法，记录了 C1 在特定时间所呈现出来的社会性水平以及相应的游戏类型，根据表 5-10 所示进行了统计，以此为依据制订下一步的支持策略。

表 5-10　幼儿在不同类型游戏中社会性水平的观察

基本信息	观察对象	C1（男　4 岁 3 个月）	观察者	徐老师
	观察目的	观察幼儿在游戏中的社会性水平	观察方法	时间取样法
	行为分类与操作性定义	(1)无所事事：幼儿未参与任何游戏活动，也没与他人交往，只是随意观望，或走来走去、东张西望。 (2)旁观：基本上观看别的幼儿游戏，有时凑上来与正在游戏的幼儿说话、提问题、出主意，但自己不直接参与游戏。 (3)单独游戏：幼儿独自游戏，只专注于自己的活动，玩与他人不同的玩具，根本不注意别人在干什么。 (4)平行游戏：幼儿能在一处玩，偶尔互借玩具或交谈，但各自玩各自的游戏，玩类似的玩具，既不影响他人，也不受他人影响，互不干涉。 (5)联合游戏：幼儿能在一起玩同样的或类似的游戏，互相追随，但没有组织和分工，每人做自己想做的事情。 (6)合作游戏：幼儿为某种目的组织在一起游戏，有领导、有组织、有分工，每个幼儿承担一定的角色任务，并互相帮助。		

续表

基本信息	观察时间	(1) 观察日期与情境：2021年9月15日、9月16日、9月17日、9月18日上午9:30—9:50 区域游戏中 (2) 观察时距：一次观察30秒，其中20秒观察，10秒记录 (3) 时距间隔：时距间隔0，每轮之间间隔5分钟 (4) 时距数目：每一轮观察5次，每天开展2轮，4天共观察40次
类别与标识		1. 行为类别 A. 无所事事　　B. 旁观　　C. 单独游戏　　D. 平行游戏　　E. 联合游戏　　F. 合作游戏 2. 游戏类别 (1) 角色游戏　　(2) 建构游戏　　(3) 规则游戏　　(4) 表演游戏

	观察时间	日期			
		9月15日	9月16日	9月17日	9月18日
第一轮	9:30:00—9:30:30	B(3)	D(1)	D(4)	D(2)
	9:30:30—9:31:00	B(3)	D(1)	D(4)	D(2)
	9:31:00—9:31:30	B(3)	D(1)	B(4)	D(2)
	9:31:30—9:32:00	B(3)	D(1)	D(2)	D(2)
	9:32:00—9:32:30	F(3)	D(1)	D(2)	D(2)
第二轮	9:35:00—9:35:30	F(3)	D(1)	D(2)	D(2)
	9:35:30—9:36:00	F(3)	D(1)	D(2)	D(2)
	9:36:00—9:36:30	F(3)	D(1)	D(2)	D(2)
	9:36:30—9:37:00	F(3)	D(1)	D(2)	E(2)
	9:37:00—9:37:30	F(3)	D(1)	D(2)	E(2)

以此类推，记录四天。

将观察记录统计结果如下。

游戏类型	社会性水平						
	无所事事	旁观	单独游戏	平行游戏	联合游戏	合作游戏	总计
角色游戏	0	0	0	10	0	0	10
建构游戏	0	0	0	15	2	0	17
规则游戏	0	4	0	0	0	6	10
表演游戏	0	0	1	2	0	0	3
总计	0	4	1	27	2	6	40

分析

　　在这四天中，共对C1进行了40次观察，首先幼儿在游戏中平行游戏最多，有27次，其次是合作游戏和旁观，分别是6次和4次。其中平行游戏分布在角色游戏、建构游戏和表演游戏中，合作游戏和旁观仅出现在规则游戏中。

　　在这四天的游戏中，幼儿建构游戏玩得最多，共有17次，其次是角色游戏和规则游戏，都在同一天。除了9月18日幼儿从表演游戏换到了建构游戏，其他时间都是固定在一个区域中，可能是不太喜欢玩表演游戏或者不会玩。

　　由此可以得出，C1以平行游戏为主，在规则游戏中出现合作性行为主要是因为该棋类游戏需要多人共同游戏，开始的时候C1没有伙伴，因此在一旁观看，后来C2主动提出与C1一起下，便合作完成了该游戏。C1在游戏中的社会性水平主要是平行游戏，会关注到其他幼儿的游戏，但与其他幼儿的互动较少，很少主动与其他幼儿交往。

建议与反思	1. 通过开展需要合作完成的一些游戏以增加C1的社会交往机会。 2. 教师可以以游戏者角色的身份加入到C1的游戏中，为C1示范如何主动加入他人的游戏，如何邀请他人加入到自己的游戏中。

（三）对幼儿户外体育游戏的观察

1. 幼儿户外体育游戏及观察要点

户外体育游戏是指在户外开展的、以满足幼儿运动需要为基本目的的活动。《指南》指出，"幼儿每天的户外活动时间不能少于2小时，其中体育活动不得少于1小时"。户外体育游戏是幼儿非常喜欢的活动类型，幼儿在户外能够呼吸新鲜空气、感受阳光，能够大声呼喊，尽情游戏并释放能量，还能够提升运动能力、社会交往能力，提高免疫力等。然而，在户外，由于幼儿比较兴奋，如果不加以观察并引导，户外体育活动往往会变成"放羊"，也容易出现安全隐患（见图5-4）。

图5-4　户外体育游戏
（资料来源：三桥幼儿园）

户外体育活动的观察要点包括对幼儿行为的观察以及对活动环境的观察，主要有以下几个方面（见表5-11）。

表5-11　户外体育活动的观察要点

对幼儿行为的观察	1. 幼儿是否能够主动参与体育活动，是否有自己感兴趣的活动
	2. 幼儿的动作技能的发展状况，如走、跑、跳、爬、钻、投掷等，教师可以根据不同年龄段幼儿的发展水平进行选择
	3. 幼儿的综合运动能力，如协调性、平衡感、耐力等
	4. 幼儿对材料的选择和使用
	5. 幼儿的安全意识
	6. 幼儿的意志力
	7. 幼儿的规则意识
	8. 幼儿在其他领域的发展状况，如社会交往、问题解决、语言发展、创造力等
对活动环境的观察	1. 游戏时间是否充足
	2. 游戏场地的大小、安全性
	3. 游戏材料的数量、结构性、种类、层次性、安全性
	4. 教师的支持

2. 幼儿户外体育游戏的案例与分析

半个月前,幼儿园在野趣俱乐部中新增滚筒这一材料,孩子们对滚筒兴趣十分浓厚。在一周两次的俱乐部活动中,他们大胆想象、自主探索,尝试、体验滚筒的多样玩法,骑在滚筒上、把滚筒竖起来"躲猫猫"、钻进去用身体滚动滚筒……第二周活动时,浩浩主动提出要站上滚筒,教师用视频拍摄了幼儿活动的过程(扫描二维码观看),将视频主要内容转录成文字,解读幼儿的行为,并提供了下一步的支持策略(见表5-12)。

视频:滚筒游戏

表5-12 幼儿户外体育游戏的观察与评价[1]

观察对象	浩浩(男,6岁)、丁丁(女,6岁)、娃娃(女,5岁)	观察者	汤老师
观察地点	幼儿园西边长廊处	观察时间	2020年11月2日 野趣俱乐部游戏时间 10:00—10:55
观察方法	实况详录法		
观察目的	观察幼儿如何运用滚筒进行游戏,了解幼儿的发展状况,为下一步的支持提供依据。		
观察记录	◎情境1——独自挑战,从滚筒上滑落(视频0:00—0:54) 野趣俱乐部游戏中,浩浩选择了滚筒这一材料,他两只手扶住滚筒两侧,双脚依次上去,但尝试了几次之后,均只能上去一只脚,另一只脚刚踩上去就摔了下来。其间,浩浩尝试换脚上去,还是一样的结果。在第四次尝试的时候,浩浩对娃娃说:"帮我扶一下好不好?"但娃娃只是往滚筒里放了一个小圆筒,就走开了。浩浩另一只脚刚上去又摔了下来。随后,浩浩用两只手抓住了滚筒左侧,右脚先踩上去,左脚膝盖跪在滚筒上,摇晃了两秒就掉下来了。浩浩又尝试了十几次,但都从滚筒上滑落了下来。 ◎情境2——寻求帮助,继续尝试站上滚筒(视频0:55—2:34) 之后,娃娃又往滚筒里放了两块长方体的积木。浩浩趴在滚筒上,没有继续尝试站上滚筒。娃娃把丁丁叫过来帮忙,接着自己又跑去叫其他人。 浩浩对丁丁说:"我不能再来了。"丁丁说:"来浩浩,你试试嘛。" 浩浩说:"我不行了。"丁丁继续鼓励:"你还是行的。"浩浩回答:"不行的。" 丁丁说:"行的。"浩浩:"不行的。" 丁丁看向我说:"他说一点儿都不行。" 随后,浩浩一边说:"我不行的,娃娃不来帮忙,我做不到,娃娃不来帮忙,我根本做不到。"一边又反复尝试把脚踩在滚筒上,其间丁丁用手帮忙扶住滚筒下端,稳定滚筒,一边说:"这个实在太难了吧!"浩浩回应:"是啊。"在丁丁扶住滚筒的情况下,浩浩可以站在滚筒上大概1秒。 之后,听到浩浩求助的娃娃,一边跑向其他场地,一边说:"×××,快来帮忙。"听到娃娃去寻求他人帮助,浩浩突然笑着对我说:"她们去找朋友来帮我了!"娃娃和丁丁一起帮浩浩扶住了滚筒的两边,但发现还不行,丁丁表示现在的滚筒有点太歪了,并且提出了"在里面放点积木就行了,这样重量会更多"的方法…… ◎情境3——增加木头+同伴互助,初步站上滚筒(视频2:35—5:16) 在丁丁提出"往滚筒里放积木"的方法后,浩浩大声说:"要很多木头,快,把木头搬给我。"一群幼儿开始为了浩浩的滚筒冒险搬运木头积木,在得到朋友们的帮助后,浩浩一边说着:"谢谢啦,谢谢啦。"一边将木头积木放入滚筒内。放置木头积木的过程中,娃娃走过去摇了摇滚筒,说道:"还是会动的,怎么办,有了……"随后,和其他孩子一起继续在滚筒里增加木头积木,最后在几乎要将滚筒内部全部塞满时,两只脚跨坐上去左右摇晃了两下,说:"现在好多了。"		

[1] 案例来源:汤佳音 杭州市萧山区城厢幼儿园。

续表

观察记录	于是，浩浩继续尝试站上滚筒，丁丁又对浩浩进行了鼓励，"浩浩，加油！"并用手扶住浩浩的后背进行了帮忙，娃娃则扶住滚筒左侧。浩浩一手拉着丁丁，一手扶住娃娃的头，这一次浩浩在滚筒上停留的时间延长到了约7秒（3:41—3:48），掉下来时，他说："我已经尽力了。"但之后又马上用同样的方式重新站了上去，在帮助下站在滚筒上约15秒（3:51—4:06），但身体的晃动明显，在下来时说着："我一定能够站住。"后面的尝试中，娃娃和丁丁分别拉住浩浩的两只手，浩浩再站上去时还喊着"奥特战士"。 　　娃娃一只手拉着浩浩，一只手和上半身固定滚筒，一边喊："快点来帮忙。"边上的孩子也一起来帮忙扶住了滚筒，这一次站在滚筒上依旧是约15秒（4:23—4:38），但身体晃动相对减少。之后的尝试中，丁丁和蓝色衣服的男孩子，分别扶住浩浩两只手，白色背心的男孩则两只手用力压住滚筒左侧，娃娃主动提出按住浩浩在滚筒上的一只脚，其间，蓝色衣服的男孩松开了浩浩的手离开，白色背心男孩也移动到了浩浩身后，开始用手推动滚筒，娃娃告诉浩浩："走两步试试看。"浩浩听后尝试了一下但在滚筒的晃动中，浩浩跳下了滚筒，这一次浩浩在滚筒上站了约25秒（4:42—5:07）。 　　◎情境4——独自站立，滚筒上的时间增加（视频5:17—6:21） 　　之后的游戏中，浩浩依旧是在丁丁和娃娃一人扶住一只手的方法中站上放满了木头积木的滚筒上。但在两人放手离开后，浩浩能够双手微微打开，依靠自身的平衡站在滚筒上。此时，浩浩露出了开心的笑容，并用右手做出握拳加油的动作，这一次一个人的滚筒站立保持了约1分零3秒（5:17—6:21）。其间其他孩子希望浩浩能站在滚筒上往前走，但浩浩在摇晃身体后并不能实现，只能在晃动后平衡身体，继续站在滚筒上。
行为分析	从滚筒游戏中可以看出幼儿多方面的发展状况： 　　1. 幼儿的创造力、自我挑战与冒险精神 　　在野趣俱乐部中，大部分孩子在使用滚筒时，都是采用"推、滚、趴在上面"等常见的游戏方式。此次游戏中，浩浩能与同伴们一起根据自己的想法和需求使用各种材料，挑战站上去、在上面行走这类对平衡能力、动作协调性要求更高的游戏形式，在探索的过程中，浩浩多次摔下来仍然不放弃，体现出幼儿在游戏中创造着自己的"最近发展区"，在冒险精神的引领下发现新世界，探索新奥秘。 　　2. 幼儿主动探索、坚持解决问题的学习品质 　　《指南》指出："幼儿的学习是以直接经验为基础，在游戏和日常活动中进行的""教师要帮助幼儿逐步养成认真专注、不怕困难、敢于探究和尝试等良好的学习品质"。在游戏中，浩浩遇到了"无法站上滚筒""在滚筒上无法保持平衡"等问题，但能够不断地进行尝试，调整姿势，尝试次数多达十几次，体现了主动探索的精神以及坚持不懈解决问题的品质。娃娃和其他同伴通过尝试"找同伴帮忙扶滚筒、拉住同伴的手、在滚筒中增加木头积木"等方法解决问题，孩子们会在观察、比较后找到合适的解决办法。这一过程让幼儿完整地体验了"发现问题—提出猜想—实践探究—行动验证"的科学探究过程，也使幼儿逐渐走向深度学习。 　　3. 幼儿科学认知经验的发展 　　孩子们通过与滚筒、木头积木等材料的互动，对平衡、摩擦力等科学知识有了初步的感知。在20秒时可以看到滚筒里有一个小的圆筒，55秒时里面增加了一些木头积木，这些滚筒里的物品都是娃娃放进去的，此时的娃娃虽然没有用语言表达出她的想法，但已经有了"在中间放东西，增加滚筒重量，从而使滚筒不那么摇晃"的初步意识。同时在游戏中，丁丁的一句："在里面放点积木就行了，这样重量会更多。"说出了整个游戏挑战中最关键的部分，虽然她不能准确地说出其中关于"重量、重心、平衡"之间的关系和专业的概念，但在一次次解决问题时所进行的猜想、验证、实践中，幼儿的科学经验以及探究能力都得到了提升。 　　4. 同伴交往与语言表达能力的发展 　　三个孩子在游戏中体现出较强的社会性水平以及语言表达能力。在浩浩反复尝试的过程中，他与娃娃、丁丁之间的语言交流是非常频繁的，丁丁能够通过语言对浩浩进行鼓励，娃娃则是用积木帮助浩浩稳定滚筒、寻求他人帮助、帮浩浩扶着等方式帮助浩浩，几个人合作帮助浩浩在滚筒上站起来。这为浩浩在游戏中的冒险精神、挑战意识

行为分析	以及自信心等方面的提升都有很大帮助。这也让浩浩从开始的不自信，认为自己不行到用"奥特战士"的语言、"一只手握拳做加油"的动作给自己鼓劲，说明幼儿对于当下游戏行为的内部动机在不断增强，并且始终保持着喜悦的游戏情绪。不管是游戏过程中的默契配合，还是困惑时刻的出谋划策，都体现了幼儿较高水平的合作协商能力，让幼儿深刻体会团队的力量，共同享受成功的喜悦。 5. 幼儿的身体动作及平衡能力的发展 《指南》指出："要利用多种活动发展幼儿的身体平衡和协调能力，以及发展幼儿动作的协调性与灵活性。"在本次游戏中，浩浩通过爬、跳、尝试在滚筒上行走等方式，身体动作及平衡能力得到了提升。动作发展过程如下图。 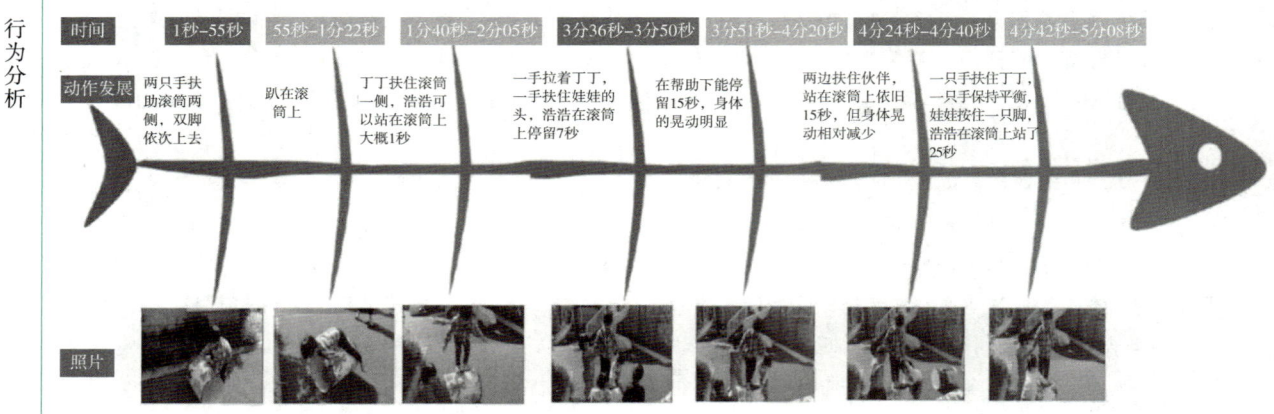
教育反思	1. 材料互动是深度探究的载体 华爱华教授说："游戏材料的提供，对幼儿起着游戏暗示的作用，刺激幼儿选择某种游戏方式，表现出不同游戏行为，间接地对幼儿的发展产生作用。低结构材料更有助于幼儿进行发散思维，在使用低结构材料时较多的是创造。"野趣俱乐部中，我们为幼儿提供了非常丰富且低结构的游戏材料，能让幼儿创造多种玩法，案例中浩浩根据滚筒的特性探索出新的玩法，而其他幼儿则是将积木当作是固定滚筒的工具，对材料进行多功能的使用。 2. 教师的放手与退后为幼儿游戏提供了更大空间 我园作为安吉游戏实践园，始终遵循"放手游戏，发现儿童"的游戏理念。浩浩的游戏行为，正是冒险精神以及我园实践安吉游戏后"幼儿真游戏"的体现，让幼儿能在自由、自我表达的环境下进行游戏。游戏中充满了孩子与孩子之间的友爱、信任，孩子们的想法能得到充分的表达，真正地投入到了游戏中，自己去发现、探究，从而达到最后的结果。作为教师，我始终坚信：儿童是有能力的、主动的学习者。儿童是游戏的主导者，在游戏中，每个儿童都是在自己的经验水平上表现、强化和发展的儿童，因此我全程始终作为一个记录者、观察者，没有过度干预、靠近幼儿，让幼儿最大限度地享受这一场"冒险"，最大限度的放手和最低程度的介入，给了儿童更自主学习的空间，让他们获取的经验与自身的联系紧密。 幼儿在游戏中遇到问题时，会提出各种各样的猜想。作为教师，我以欣赏的态度去对待幼儿的想法和行为，让幼儿有充分的时间和空间去猜想、试错、探究、验证和调整，幼儿才能有更精彩的表现、更好的发展。
支持策略	1. 根据幼儿的游戏状态调整游戏时间 我园每次俱乐部时间为一小时左右，但在此次游戏中，浩浩和同伴的游戏愿望强烈，正在兴致勃勃游戏时，活动结束时间就到了，孩子们不得不终止游戏，这也反映当下对于幼儿游戏时间的弹性不够，幼儿玩得不尽兴，容易影响他们的游戏兴趣，错过许多探究的关键时机与精彩时刻。因此，后续的俱乐部时间可根据幼儿的游戏兴趣和探究内容弹性延长，如配班教师先将其余幼儿带回教室进行游戏故事的分享，主班教师继续在俱乐部活动中观察幼儿，分组进行活动，保证幼儿充足的游戏时间，给予幼儿自主游戏的空间、自由探索的机会。

	续表
支持策略	2. 通过多种途径提升幼儿的动作技能 在滚筒上行走十分考验幼儿的平衡能力，在此次游戏中，浩浩的平衡能力在不断地爬上滚筒、站上去的过程中有了一定的提升。之后也可以适当结合主题教学开展平衡能力相关的健康活动，隐性助推幼儿平衡能力的发展，帮助幼儿在后续游戏中获得更多的成功感。 3. 分享游戏故事，提升幼儿经验 游戏后的分享环节也是我们游戏中的重要组成部分，游戏后我也将利用照片、视频等方式让幼儿对今日的游戏进行展示分享，同时也可以引导本次观察中的几个孩子及时做好游戏故事记录，后续结合自己的游戏故事和图纸进行分享交流。在这一过程中，鼓励其他孩子提出自己的疑问、不同想法、建议等，助推后续野趣俱乐部时孩子们更加深入的游戏行为，引发深度学习。 4. 增加多样化的游戏材料 游戏材料是幼儿游戏的物质基础，后期将继续在俱乐部活动中投放自然生态、可移动、可组合的多样化材料，如木榻、木箱、长木板、垫子等无结构、低结构材料，满足幼儿进一步游戏的需要。

小试牛刀

请扫描二维码，观察并记录小班角色游戏，从幼儿的角色行为、角色互动和角色语言三个方面描述幼儿在游戏中展现的角色意识，分析背后的原因并提出相应的教育建议。

视频：小班角色游戏

云测试：小试牛刀

_____

_____

学习任务 5.3 教育活动

学习任务单

项目	内容	备注
学习目标	1. 掌握幼儿教育活动的观察要点 2. 能够选择适合的方法观察、记录幼儿在教育活动中的行为 3. 能够结合相关理论分析幼儿的行为 4. 能够针对幼儿的行为，给予科学合理的指导建议	
学习时数	2课时	
学习建议	1. 课前：结合平台资源、教材案例进行学习，完成相关测试题，并提出疑问 2. 课中：学习时认真听讲并参与讨论，梳理观察与分析的要点 3. 课后：运用所学知识做一些配套习题，并在实习中观察运用	
学习运用	能在实践中观察幼儿在教育活动中的行为，并给予有针对性的指导	
学习收获与反思		学生填写

连线职场

教师正在教室里给小朋友们上美术活动课，其他同学都按照老师的要求开始绘画，只有小Z没有按照老师的要求操作，而是拿着画笔在空中挥舞，还哼着小曲……

想一想：小Z的行为属于什么行为？如果你是现场的教师，你会怎么办呢？

学习驿站

"幼儿园一日活动皆课程",都具有教育意义。这里所说的教育活动更多的是指经过教师专门设计的有目的、有计划的学习活动,包括个别指导、小组活动以及集体教学活动(见图5-5),是实现幼儿园教育的重要手段。但在专门的教育活动中,尤其是集体教学活动中,教师往往占据主导地位,幼儿的自主性相对较弱,且由于幼儿人数较多,教师很难关注到所有幼儿的个别差异。因此,掌握如何在专门的教育活动中有目的地对幼儿进行观察、分析与指导十分重要。事实上,在教育活动中,无论是活动目标的制订,还是活动内容的选择、活动的实施,都需要教师对幼儿有足够的观察。教师只有了解幼儿的发展水平、兴趣、经验、学习方式以及在这些方面的个体差异,才能制订适宜的活动方案,并在开展活动的过程中根据幼儿的反馈不断调整,也才能为接下来的活动提供可靠的依据。

图 5-5　集体教学活动
(资料来源:三桥幼儿园)

▶▶ 一、幼儿教育活动观察与分析的要点 >>>>>>>>

幼儿园教育活动组织形式多样,按照参与者的不同可以分为个体活动、小组活动和集体活动,按照活动主题可以分为领域活动和综合活动。不同类型的活动观察要点有所不同,如在个体活动中教师可以对某个幼儿进行细致观察,找出该幼儿出现某种行为的原因;而在集体教学活动中,教师需要观察全班的总体参与情况、情绪状况等。在领域活动中,幼儿在该领域的行为表现往往较为突出,教师可以结合该领域的要点进行观察。总体上,在教育活动中,教师可以从以下方面进行观察与分析(见表5-13)。

微课:幼儿教育活动的观察与分析

表 5-13　幼儿教育活动观察与分析的要点

幼儿的情绪与态度	幼儿的兴趣点:幼儿通常喜欢玩什么?对哪些事物有兴趣?幼儿对该活动感兴趣吗?
	幼儿的情绪体验:幼儿在活动中是否有愉悦的体验?幼儿的参与度如何?幼儿专注、持续的时间有多久?
幼儿的知识与技能	幼儿的经验:幼儿有哪些经验?幼儿的经验与该活动的关系如何?幼儿还需要具备哪些经验?
	幼儿的行为类型:幼儿的行为属于哪一类型?是表征行为、构造行为、合作行为、规则行为还是其他行为?
	幼儿与环境、同伴的互动情况:使用了哪些材料?用什么方式作用于材料?提出了什么问题?是否与同伴互动?产生了哪些认知冲突?他是怎么解决的?
	幼儿在其他方面的发展,如动作发展、认知、语言、社会性、学习品质等。
行为发生的环境	活动时间:在什么时候活动?活动时间多久?是否充足?
	活动空间:在哪里活动?多人的场地?空间密度如何?地面材质是什么?是否安全?幼儿位置是否合适?
	活动材料:材料数量、材料种类、材料的结构性、材料的难度如何?
	活动目标:是否具备年龄适宜性、综合性。
	活动内容的选择:是否符合幼儿的经验、兴趣、年龄,是否具有生活性、挑战性。

续表

行为发生的环境	活动实施：流程是否合理，策略使用是否多样、恰当，是否注重幼儿的亲身体验、操作，是否符合游戏化的特点。
	教师的提问、互动、教态等是否有助于幼儿主动思考、积极探索。
	活动是否达成目标，是否有助于幼儿获得有益的经验。

做一做

请查看《指南》与《儿童观察记录》(COR)，梳理教育活动中的其他观察要点。

二、幼儿教育活动的观察方法

在幼儿教育活动中，教师可以根据观察目的、活动类型、观察对象等选取适宜的观察方法。值得注意的是，在集体教学活动中，组织活动的教师需要兼顾所有幼儿，更多的是进行非正式的观察并及时给予回应，如果需要进行正式的观察、记录，则需要配班教师的参与。

想一想

1. 教师想要对小西在集体教学活动中的违规行为进行观察，可以采用什么方法？
2. 教师想对班级幼儿课堂参与情况进行观察，可以采用什么方法？

三、幼儿教育活动的指导要点

不同形式和内容的教育活动有不同的指导要点。作为幼儿园有目的、有计划的教育活动，在开展的过程中需要注意以下几点。

(一)活动目标的制订

教育活动目标的制订应基于本班幼儿的发展水平、发展差异、已有经验以及《指南》《纲要》中的要求。活动目标在学期内应考虑幼儿各个方面的均衡发展，不能偏向某几个领域。

(二)活动内容的选择

幼儿的活动内容应贴近幼儿的生活，并具有开放性，内容体现领域之间的整合性，且所选择的活动内容应有利于活动目标的落实。

(三)活动的实施

活动的组织形式应根据活动目标和内容进行选取，活动组织形式应多样，不应局限于集体教学活动。活动方式的选择应适应幼儿的学习方式，多让幼儿在游戏中学习，让幼儿充分感知、亲身体验、动手操作。在实施的过程中应充分观察幼儿的活动状态，及时调整实施的方式。

四、幼儿教育活动的观察案例与分析

（一）幼儿美术活动

1. 幼儿美术活动及观察要点

《指南》指出，艺术是人类感受美、表现美和创造美的重要形式，也是表达自己对周围世界的认识和情绪态度的独特方式。美术活动是艺术活动的重要组成部分。观察幼儿在美术活动中的行为，可以从以下方面进行：

（1）对美术的兴趣，对从事美术活动的主动性。

（2）在美术活动中是否专注，是否具有持续性。

（3）是否能用不同的方式画出（或做出）自己想要表现的事物。

（4）对工具的选择与操作。

（5）作品的创造性。

（6）其他影响幼儿行为的因素，如活动内容、材料投放、教师的支持与回应等。

2. 幼儿美术活动的案例与分析

这是一次美术活动公开课，教师选择的主题是"哈哈小人"，陈老师作为听课教师对本次公开课进行了观察，既包括对幼儿行为的观察，也包括对教师行为的观察，采用了实况详录法进行记录（见表5-14）。

表5-14 幼儿美术活动的观察

观察对象	大一班幼儿	观察者	陈老师
观察时间	3月21日 9:00—9:30	观察方法	实况详录法
观察地点	大一班教室		
观察目的	观察幼儿在美术活动中的表现，改进集体教学活动。		
观察要点	1. 幼儿对该活动是否感兴趣； 2. 幼儿是否能画出小人，并制作顶天立地的小人； 3. 幼儿的绘画是否呈现细节以及创造性； 4. 幼儿在活动中体现出来的观察能力、学习品质等； 5. 对活动材料准备、教师教态、引导等方面的观察。		
观察记录	在美术活动中，老师让幼儿分组坐，一组四个人，每一组的桌上放置了不同颜色的彩纸（折叠过）、水笔。教师在自己的纸上画出了一个顶天立地的小人，贴在黑板上，请幼儿自己也在纸上画出一个顶天立地的小人。 老师说："这个呀，叫作顶天立地的哈哈小人！为什么叫哈哈小人呢？" C1抢着回答："嘻嘻哈哈，他总爱说笑。" 老师说："你站起来说，说完整。" C1回答道："他嘻嘻哈哈特别爱笑，所以叫作哈哈小人。" 老师说："有可能是这样。不过我这个哈哈小人呢，他会把大家逗得哈哈笑。"有些幼儿说信，有些说不信。老师来到黑板前，说："那看看我能不能把他变成哈哈小人！""3、2、1。"幼儿和老师一起倒数，老师把哈哈小人往下一拉，折叠的部分展现出来，哈哈小人有些部位变得非常长。幼儿都大笑起来。		

观察记录	老师笑着说："你看，我的小人是不是把大家都逗笑了？他为什么好笑？哪里变化了？" 幼儿七嘴八舌地说："手。""鼻子。"…… 老师举起手说："他有很多地方变长了，谁能一次说完？" C2："手、头。"老师说："C2找到了两个，还有吗？" C3："鼻子、耳朵，还有嘴。" 老师指了指小人："嘴长了吗？" 其他幼儿："没有长。" 老师摆摆手："没变长。我的这个哈哈小人，鼻子、耳朵、手都变长了。现在也请你们来画一画自己的哈哈小人。" 幼儿把原来自己画好的哈哈小人打开，连上线，一边画一边笑。 老师走过去询问："你打开以后发生了什么事情呀？" C4："都裂开了。" 老师："都裂开了是不是，你们有没有办法能把它再连起来呢？" 画好的幼儿拿给老师看，老师询问幼儿哪里变化了，引导幼儿观察细节，并写好姓名，贴在黑板上。等大部分幼儿画完之后，大家一起介绍、欣赏。
分析与评价	这是大班美术活动"顶天立地的哈哈小人"，哈哈小人的做法就是在折过的纸上画小人，打开以后将断掉的部分连起来，达到局部变形的效果，最后让幼儿进行展示。 1. 对幼儿行为的分析 总体来说，幼儿对"哈哈小人"兴趣浓厚，对哈哈小人充满兴趣和好奇，积极参与集体讨论，回答问题，在该活动中表现出高兴的情绪状态。这是由于活动本身比较有趣，教师动作、表情夸张，语言生动，十分吸引幼儿。 在艺术兴趣和能力方面，幼儿对该美术活动十分感兴趣，能积极参与表现；在绘画能力上处于象征阶段，幼儿能用简单的线条来绘制小人，不同幼儿的造型和复杂度不同，体现了个体差异。能根据需要画出图形，线条基本平滑，符合大班幼儿的水平。 幼儿在活动中善于观察，通过发现并描述物体的前后变化，但观察的细致性不足。视频中幼儿能发现哈哈小人的变化之处，但观察不够细致，会遗漏细节。如个别幼儿在画画时忘记画手，也是不够仔细的体现。 2. 对教师行为的分析 (1)教师在目标与内容的选择上，符合大班幼儿的年龄特点，能绘制简单的人物，在此基础之上对小人进行变形，难度适中；内容具有趣味性，幼儿对"哈哈小人"非常感兴趣，绘画的过程十分愉快，激发幼儿对艺术活动的喜爱，也符合《纲要》中活动应符合幼儿的发展水平、选择幼儿感兴趣的事物和问题的要求。 (2)材料准备数量较多，满足不同创作速度幼儿的需求(先画完的幼儿可以多画几张)。在材料丰富性上较为单一，纸的折法一致，使得幼儿的哈哈小人具有雷同性，且对幼儿来说缺乏挑战性。 (3)在实施的过程中，环节清楚，层层递进，先尝试画顶天立地的小人，出示变形的小人引发动机，幼儿自主绘制会变形的小人。在方式上，该教师灵活采用多种教育策略，寓教于乐，教师采用了提问法、示范法、个别指导等方式，还采用变魔术的方式吸引幼儿的兴趣。教师在指导的过程中以幼儿为主体，善于倾听幼儿，回应幼儿的问题。但在黑板前示范的小人纸张较小，且示范较为单一，容易让幼儿模仿，不利于幼儿创造力的发展。
指导与反思	总的来说，教师选择了幼儿感兴趣的活动主题，并在这个过程中循循善诱，通过提问、示范、个别指导的方式组织活动，幼儿参与积极性高，在愉快的氛围中完成活动。根据上述分析，还可以从以下方面进行改进或进行进一步的支持： 1. 在材料准备上，教师可以准备不同折法的纸(该活动都是横着折进去)，如竖着折、多折几次，让幼儿感受小人的不同变形方式，增加挑战性。 2. 在环节上除了让幼儿画在现成的纸上，也可以提供未折过的纸让幼儿自行探索，或者让幼儿想办法对某一个部位进行拉长，让幼儿进行有目的的尝试，丰富其想象力，也明白哈哈小人的"魔法"关键点(折线位置)。 3. 示范的小人可以更大一些，可以提供不同的连线方式、折法等。

(二)幼儿违规行为

1. 幼儿违规行为及观察要点

规则是指制订出来供大家统一遵守的制度或规章,是协调人们之间关系和行为冲突的社会标准。幼儿园的规则也就是通常所说的常规,指的是幼儿在一日生活中的各种活动中应该遵守的基本的规则。必要的常规有助于保教活动的顺利开展,形成良好的学习与生活环境,促进幼儿的身心发展。❶ 幼儿违反规则的原因有很多,有时是因为幼儿不理解规则,有时是因为幼儿自控能力弱,有些时候也是因为教师制订的规则本身就不合理。在观察幼儿违规行为时,可以从以下几个方面进行。

(1)幼儿通常在什么时候出现违规行为。
(2)幼儿出现什么样的违规行为。
(3)幼儿出现违规行为时的语言、表情、肢体动作。
(4)幼儿出现违规行为时教师的反应以及幼儿的回应。

2. 幼儿违规行为的案例与分析

郭老师是中二班的实习老师。中二班的主班老师王老师总是抱怨小朋友在集体教学活动时违规,特别是小 Z、小 L 和小 D 三个小朋友,让老师十分苦恼。因此,郭老师在 12 月 3 日和 12 月 4 日两天对这三个小朋友进行了观察。由于是否违规更多的是站在成人的角度,因此以下违规行为为老师认为的违规,并被老师发觉的那些行为(见表 5-15)。

表 5-15 幼儿违规行为的观察

观察对象	小 Z(女,4 岁半) 小 L(男,5 岁) 小 D(男,5 岁)	观察者	郭老师
观察时间	12 月 3 日—12 月 4 日	观察方法	事件取样法
观察地点	中二班教室		
观察目的	观察幼儿在集体活动中的违规行为。		
观察内容	1. 幼儿在什么情况下出现违规行为; 2. 幼儿违规行为的具体表现; 3. 教师的处理方式以及幼儿的应对。		
观察记录	事件一(12 月 3 日 10:00—10:20):集体活动的时候,教师在投影仪上演示工具书的操作后,请幼儿上来发放幼儿用书,同时教师给每组幼儿的桌上放操作所需的花生及其他材料。此时其他幼儿都围成圈在原来的座位上等待。一分钟后,小 L 开始与旁边的幼儿手拉手大声聊昨天在家发生的事情。教师瞪了一眼,说:"L,嘴巴闭牢!"小 L 看了一眼老师,转过身拨弄自己的手。 事件二(12 月 3 日 15:30—15:40):马上就要开始集体教学活动了,幼儿们吃完点心都把小椅子搬到教室中间来。小 D 吃完点心,也把小椅子搬到中间坐下来,集体教学活动开始了。小 D 坐下来以后左扭扭、右扭扭,还把身体转		

---

❶ 陈静爽、宋梅:《"问题儿童"违规行为中的师幼互动个案分析》,载《早期教育(教科研版)》,2018(01)。

续表

观察记录	过去看后面的小朋友。老师拿出一本兔子封面的绘本，小D大声说："老师，我家里也有小兔子……"老师说："不要插嘴。"老师带领幼儿看下一页。小D跺跺小脚，发出"嘿嘿嘿"的笑声，旁边的小Y也忍不住开始和小D一起跺脚，还笑出声来。老师瞪了一眼小D和小Y，小D和小Y停止跺脚。 事件三（12月4日 9:20—9:25）：集体教学活动的时候，老师带小朋友们玩蔬菜印画。老师说："每一个蔬菜宝宝都有自己特别的印记，请你用蔬菜宝宝蘸一下颜料，看看蔬菜宝宝都有什么秘密吧！"小D在旁边说："我不想看。"小A听了也跟着说，"我也不想看。"小X说："我在家里看过了。"老师看了一眼他们，皱起眉头，停顿了一会儿，继续演示材料。 事件四（12月4日 15:40—15:50）：音乐游戏中，老师组织小朋友们玩"许多小鱼游来了"的游戏，小L和小Z做小鱼，在教室中间做"渔网"的小朋友中间来回游动，走着走着，小L和小Z的脚步越来越快，最后在教室里跑了起来。小L撞到了旁边的小W，小W又撞到了小Y，两人一起摔倒在地上。于是老师停止游戏，请小朋友们坐下，批评小L和小Z没有按照游戏规则慢慢走。过了一会儿，生活活动时间里，小Z走到老师面前说："都怪我没有慢慢走，游戏都玩不了了。"
分析与建议	在这两天时间里，三位幼儿共出现了四次违规行为。第一次小L与其他幼儿大声聊天，被老师提醒；第二次是小D插嘴、跺脚，还引起其他幼儿模仿，老师通过语言提醒、用瞪眼睛的方式进行阻止；第三次是小D公然提出"不想看"，并引起其他幼儿模仿，老师也是用表情暗示的方式进行提醒；第四次小L和小Z走得太快撞倒其他幼儿，教师终止了游戏。 这四次行为看似是违规行为，但更多的是站在教师的视角，教师只是阻止了幼儿的行为，但并未去了解幼儿行为背后的原因，并进行有效引导。 在事件一中，小L是在教师分发材料的时候与其他幼儿聊天，这个时间段对于幼儿来说是消极等待的时间，教师可以让幼儿轻声说话，而不是直接阻止幼儿说话。同时，老师也要反思，如何在下一次活动中减少幼儿消极等待的时间。 在事件二中，点心环节刚结束，教师就请小朋友们把椅子搬到教室中间直接开始集体教学活动了，由于点心环节小朋友们普遍是比较闲散的，立刻开始集体教学活动会使得有些幼儿无法进行状态的转换，如果没有及时跟进教师的上课进度，则会让幼儿更加游离。一方面，教师应该充分利用过渡环节，如进行手指谣等小活动来吸引幼儿的注意力，之后再引入集体教学活动效果会比较好。另一方面，教师在课堂中应及时给予幼儿提醒，场景二中小D左扭右扭还和别的小朋友说话、跺脚，教师都没有进行及时的提醒，可以走过去摸摸小D的头，或者是抛个问题问小D，来把小D的注意力引回到集体教学活动中。 在事件三中，小D不想看，小A紧跟着说不想看，小X说在家里看过了。一方面，幼儿的一个行为特点就是擅长模仿，就像幼儿园中有一个小朋友想去厕所，紧接着会有好多小朋友想去厕所，小A不想看很大的可能性是模仿小D，而不是真实表达自己的意愿。教师可以在安排好其他小朋友操作后，单独和小D沟通为什么不想看，是小D今天身体状态欠佳，还是小D对这个活动没兴趣，多听小D表达再进行相应的行为指导。另一方面，教师需要反思自己的活动设计是否真的较难引起幼儿的兴趣，小X说在家里看过了，小D、小A又不想看，是不是这个活动之前已经多次开展过，对幼儿来说没有新鲜感；又或者是这个活动对幼儿来说太简单了，没有挑战性，所以普遍无法引起幼儿的兴趣。教师可以在之后设计教学环节的时候多考虑班级幼儿的生活经验和能力水平，选择幼儿感兴趣的内容来进行教学设计。 在事件四中，幼儿在游戏中容易兴奋，所以出现越走越快，最后跑起来撞到其他幼儿的情况，但也与教师没有提前说清游戏规则有关，如要慢慢走，或者按照音乐节奏走。在这里，教师没有预见幼儿可能会出现的问题，没有强调不能跑的问题，以后在组织活动时，可以在进行集体游戏活动之前讲述游戏规则，规则讲述完毕以后请个别幼儿示范，然后正式开始活动。抓住示范的机会，看看示范的幼儿有没有出现不适宜的行为，可以进行讲解。另外教师需要在组织活动时提高自己的敏感性，在幼儿跑起来、可能出现安全隐患的时候及时制止，或者在他们跑起来的时候就进行适当的提醒："小心哦，跑起来很容易摔跤的。"

小试牛刀

请扫描二维码观看视频，观察、记录该幼儿在集体教学活动中的行为，分析幼儿的行为并提出指导建议，形成完整的观察报告。

视频：集体教学活动中的幼儿

云测试：小试牛刀

学习任务 5.4　挑战性行为

学习任务单

项目	内容	备注
学习目标	1. 了解常见的挑战性行为及原因 2. 能初步识别幼儿的发展异常 3. 掌握幼儿挑战性行为中的观察要点 4. 能够选择适合的方法观察、记录幼儿的挑战性行为 5. 能够针对幼儿的行为，给予科学合理的指导建议	
学习时数	4 课时	
学习建议	1. 课前：结合平台资源、教材案例进行学习，完成相关测试题，并提出疑问 2. 课中：认真听讲并参与讨论，梳理观察与分析的要点 3. 课后：运用所学知识做一些配套习题，并在实习中观察运用	
学习运用	能在实践中观察幼儿的挑战性行为，并给予有针对性的指导	
学习收获与反思		学生填写

连线职场

区域活动时间，小 F 正在建构区搭积木，小 Z 走过来碰倒了其中一块积木，小 F 责怪小 Z："你把我的积木弄倒了，坏蛋。"小 Z 听了很生气，就把剩下的积木全推倒了……

想一想：小 Z 为什么会出现这种行为？如果你是现场的老师，会怎么做？

学习驿站

图 5-6　幼儿游戏中的同伴冲突
（图片来源：三挢幼儿园）

幼儿生性天真烂漫，他们的童真童趣、童言无忌常常令成人觉得十分可爱，但幼儿有一些行为也让教师和家长十分苦恼。比如有的小朋友总是不愿意去上幼儿园，到了幼儿园就会一直哭闹想要找妈妈，有很强的分离焦虑；有的小朋友到了大班还是一直把小便解在裤子上；有的小朋友和别人发生矛盾（见图 5-6）时总是控制不住自己就动手攻击别人；还有的小朋友不愿意和人沟通交流，总是一直默默地游离在集体边缘……这些不符合成人期待的、对教师的教育构成挑战、让成人感到棘手的行为，这里称为"挑战性行为"。这些行为有些是幼儿正常的发展特点，有些是发展偏差，也有一些是由环境引发。如果这些挑战性行为没有得到正确对待，可能会持续存在、不断增多，最终演变成终身的问题。因此，正确理解与应对挑战性行为，对于幼儿的发展以及教师的班级管理十分重要。

▶▶ 一、幼儿产生挑战性行为的原因 ▷▷▷▷▷▷▷▷

幼儿产生挑战性行为的原因有很多，我们在"幼儿行为的分析"中梳理了影响幼儿行为的因素，这些因素同样也可能是幼儿挑战性行为产生的原因。一般来说，幼儿产生挑战性行为有以下几种常见的原因。

（一）幼儿自身的特点与发展状况

幼儿产生挑战性行为很多是由于幼儿自身的特点和发展状况所引发的，包括正常的幼儿发展阶段和个性特点，以及发展偏差。

1. 幼儿的发展阶段或个性特征

幼儿在身心发展上都呈现出不同于成人的特点，而由这些差异导致的行为有时会被成人误认为是"问题行为"。比如，幼儿是活泼好动的，成人会认为幼儿过于活跃，甚至怀疑某些幼儿会不会患有"多动症"；2～3岁的幼儿处于自我意识发展时期，有比较强的物权意识，不愿意分享自己的玩具，有时会被成人打上"自私""霸道"的标签；幼儿由于大脑发育还未成熟，无法很好地控制自己的情绪，遇到不如意的事情会大哭，成人会觉得孩子无理取闹；有些幼儿精力旺盛、活泼好动，喜欢跑来跑去释放剩余精力，成人会觉得孩子多动……因此，我们只有正确理解幼儿在各个年（月）龄的身心发展特点以及幼儿的个性特征，才能对幼儿的行为有合理的期待，从而进行适宜的引导。

2. 幼儿的发展偏差

由于先天、后天因素的影响，部分幼儿在发展上存在偏差，如语言发展迟缓、认知障碍、感统失调等。这些发展方面的偏差时不时会表现出行为问题，如有些幼儿的攻击性行为是源于语言发展迟缓、感统失调。存在这些发

微课：挑战性行为及成因

展偏差的幼儿有些被确诊为特殊儿童，有些则未被确诊，而在全纳教育背景下，大部分幼儿园班级中都有几个这样有特殊需求的儿童，这对幼儿来说有重要意义，但也为教师的保教带来不少挑战。作为教师，我们需要识别幼儿正常发展与发展偏差之间的差异（可参见附录三中由联合国儿基会和教育部颁布的《0~6岁儿童发展的里程碑》），有必要时可以寻求专业帮助或进行转介。

（二）环境因素

很多时候，幼儿的挑战性行为是由不适宜的环境引起的，根据对幼儿影响的持久度可以分为暂时的情境和长期的环境不当，根据影响的来源又可以分为家庭环境、幼儿园环境和社会大环境。

在家庭环境中，家长不当的养育方式、家庭变故等会引起幼儿的挑战性行为。在幼儿园中，如果教师安排的活动难度不适宜、没有吸引力、时间过长，或者环境刺激过度等，均会增加幼儿挑战性行为出现的频率。有些环境因素不仅会影响幼儿一时的行为，还会对幼儿的行为模式产生影响。如长期缺乏安全感或者处于压力状态下的幼儿，会对环境中的威胁过于敏感，而采用过于极端的方式来解决问题。

（三）综合原因

幼儿产生挑战性行为的原因往往不是单一的，而是自身与环境因素相结合。比如，幼儿由于语言表达能力和情绪调控能力有限，遇到问题常常用哭闹的方式，如果这个时候，幼儿一出现哭闹，家长就满足幼儿的需求，那么势必会让幼儿养成用哭闹来达成目的的习惯。

▶▶ 二、幼儿挑战性行为观察与分析的要点 >>>>>>>>

幼儿的挑战性行为多种多样，不同的挑战性行为有不同的观察与分析要点。但一般来说，我们观察幼儿的挑战性行为，最主要的目的便是探究幼儿产生该挑战性行为的原因，并改善幼儿的行为。因此，可以从以下几个方面进行观察与分析（见表5-15）。

表5-15　幼儿的挑战性行为及发生环境观察

幼儿的挑战性行为	幼儿出现了什么挑战性行为，事件发生时幼儿的动作、语言、表情等，事件发生的起因、经过、结果
	幼儿出现该行为的频率
	幼儿通常对谁产生该行为
	当成人干预后，幼儿的反应如何
挑战性行为发生的环境	时间：幼儿通常在什么时间、什么具体情况下出现该行为
	物理环境：发生在什么地方，环境空间是否拥挤，材料情况如何
	行为对象与成人的反应

微课：挑战性行为的观察分析要点

除此之外，我们还需要了解幼儿在家中的表现、家长对这些行为的看法以及应对方式、家长的养育方式等。

▶▶ 三、幼儿挑战性行为的观察方法 >>>>>>>>

微课：挑战性行为的观察方法

有些幼儿的挑战性行为只是偶尔发生，对于这类事件可以采用逸事记录的方式。而让教师感到非常头疼的行为往往是反复发生、"屡教不改"，对于这类频率较高的特定行为，教师可以采用时间取样或事件取样的方式，通过多次观察记录，深入分析、探寻幼儿的行为模式，从而找到解决之道。

对于反复性的挑战性行为，其观察应是多次、持续的，贯穿到整个干预实施中，一般会有如下步骤：

(1) 观察记录幼儿的行为模式，具体可以参照上述观察与分析要点；
(2) 与家长合作，全方位收集幼儿的行为信息与可能的影响因素；
(3) 分析幼儿的行为；
(4) 制订指导计划；
(5) 家园一致实施干预方案；
(6) 在干预方案实施的过程中，持续观察、分析、评估，并根据评估结果调整干预方案。

▶▶ 四、幼儿挑战性行为的指导要点 >>>>>>>>

微课：挑战性行为的支持策略

（一）以正面教育为主

"以正面教育为主"的原则在第四模块中的指导原则中已有详述，在应对幼儿挑战性行为时遵循该原则更加重要，但又十分不易，因此在此进一步强调。对于幼儿的挑战性行为，教师总是会觉得很头疼，而对于经常出现挑战性行为、"屡教不改"的幼儿，教师很难"爱"得起来，在使出浑身解数仍无效之后，常常采用惩罚性的方式来解决问题。然而，惩罚性的方式往往看起来"立竿见影"，但不持久，且有诸多不良后果。首先，不利于教师与幼儿建立良好的关系，让教师的引导大打折扣。其次，惩罚性的方式会加重幼儿的压力，加深幼儿对环境的不信任，增加挑战性行为发生的概率。再次，惩罚性的方式无法让幼儿获得替代性的解决策略，没有从根本上解决问题。最后，经常受到惩罚的幼儿常常无法得到其他幼儿的喜爱，也让幼儿对自己形成负面的认知，从而导致长期的学习困难、行为问题和人际关系障碍，形成恶性循环。

（二）注重建立良好的师幼关系

良好的关系是进一步引导的前提条件。在日常生活中，我们常常会发现不同的成人提出同样的要求，幼儿的反应往往不同，这其中关系起到了重要作用。如果在幼儿园中，幼儿不想、不能，甚至不敢与教师自由、愉快地交

学习笔记

往，任何正面的教育都不可能实现。❶ 教师需要在日常生活中建立安全、愉快、宽松的氛围，"以关怀、接纳、尊重的态度与幼儿交往。耐心倾听，努力理解幼儿的想法与感受，支持、鼓励他们大胆探索与表达"，与幼儿建立信任和安全的关系。当幼儿出现挑战性行为时，更要调整自己的情绪和心态，接纳幼儿的情绪，耐心倾听幼儿的谈话，让幼儿感受到老师是与幼儿一起解决问题的，而非对立的。当幼儿与教师彼此信任并让幼儿获得一种心理安全时，幼儿更愿意接受教师的进一步引导。❷

（三）善于进行家园合作

家园合作对于解决幼儿的挑战性行为十分重要，一方面，幼儿的很多挑战性行为与家庭环境有关；另一方面，只有家园一致的教育方式才能更好地让幼儿习得良好的行为。与幼儿一样，有效进行家园合作的前提是建立良好的家园关系。很多幼儿园老师认为，与"棘手儿童"的家长沟通是十分困难的，很难得到这些家长的配合。良好的家园关系的建立应在平时，而非挑战性行为发生之后（日常生活中的家园联系方式可参见第四模块）。当幼儿出现挑战性行为时，如果此时教师和家长之间已经建立了信任、积极的关系，那么双方讨论这个问题会比较容易。在与家长交流的过程中，需要注意以下几点：❸

（1）如果需要面谈，需提前与家长商讨见面的时间，确定一个不被打扰的地点，尤其注意不要在公众场合或者幼儿在场的情况下谈论。（图5-7为家长会谈预约单）

（2）在交谈之前，做好准备工作。并对幼儿进行事先观察并记录，清楚你想谈论的内容。新教师还可以提前预设家长可能会交流的问题，尽量事先想好应对策略。

（3）可以采用"三明治法"的谈话方式（具体可参见下文案例），我们要记得多以积极、正面的口吻谈论幼儿的行为，挑战性行为只是这名幼儿行为表现的一个方面。

（4）讨论应围绕教师观察到的信息，避免过度解读该幼儿的行为，切忌给幼儿"贴标签"。

（5）耐心倾听、理解家长的观点，以合作伙伴的身份和家长一起找出解决问题的办法。

---

❶ 教育部基础教育司：《〈幼儿园教育指导纲要（试行）〉解读》，161页，南京，江苏凤凰教育出版社，2017。

❷ ［美］Amy Laura Dombro、［美］Judy Jablon、［美］Charlotte Stetson：《有力的师幼互动——促进幼儿学习的策略》，王连江译，33页，北京，中国轻工业出版社，2019。

❸ ［美］Eva Essa：《幼儿问题行为的识别与应对（教师篇）》，王玲艳等译，37～38页，北京，中国轻工业出版社，2011。

(6) 在一次沟通之后需要根据后续的观察进行及时反馈或约定下一次沟通的时间。

家长会谈的时间到了!

××（幼儿的名字）小朋友的家长：您好!

每年，我都会和班里每个孩子的家长至少面谈两次。这样我们就可以针对您孩子的一些事情进行交流。我每周都会约三四个家长见面。请让我知道这周您哪天比较方便。

我在下面的时间段都有空，请让我知道您在下面的哪个时间段比较方便：

_____上午7点到7点30分　　　　_____下午5点到5点30分

_____下午1点到1点30分　　　　_____下午5点30分到6点

（教师的签名）

我/我们可以在（日期）_____时间_____进行交流

（家长的签名）

图 5-7　家长会谈预约单❶

(四) 应对挑战性行为的常见策略

应对挑战性行为的策略有很多，我们需要根据具体的行为类型综合运用各类方法，同时，我们也可以通过查阅相关研究，与经验丰富的老师讨论，拓展解决问题的思路。以下介绍几种常见的行为引导方法。

1. 引导性谈话

谈话策略是教师在幼儿发生挑战性行为之后常用的方法，包括个人谈话与团体谈话。要注意，谈话是为了和平解决冲突，并教会幼儿以适宜的方式应对冲突，而非指责、惩罚幼儿的行为。在谈论时需要确保教师和幼儿双方都足够冷静，与幼儿一起确认到底发生了什么，尊重幼儿的观点，讨论改善的方式，并对幼儿的行为进行追踪。在交流的过程中，可以采用"赞美三明治法"。赞美三明治法是指将对幼儿的引导穿插在两三个赞美之间，如幼儿的进步、优势和成就。图 5-8 是教师采用赞美三明治法的案例❷。

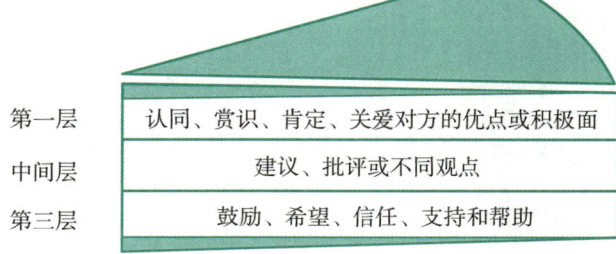

图 5-8　赞美三明治法

---

❶ [美]Eva Essa：《幼儿问题行为的识别与应对（教师篇）》，王玲艳等译，41 页，北京，中国轻工业出版社，2011。

❷ [美]Dan Gartrell：《有效应对幼儿挑战性行为的策略：幼儿行为引导手册》，周念丽等译，150～151 页，北京，中国轻工业出版社，2022。

| 模块五　综合实践与讨论 | 165 |

　　盖老师要给他的亲密伙伴们阅读书籍。他正在介绍《给鸭宝宝们让路》这本书的书名和作者。小纳(男，40个月)对这些介绍很不耐烦。"快翻书吧！"他大声叫着，然后用手轻扫了一下盖老师，打在他腿上。配班教师马老师停下擦桌子，走到小纳身边，把胳膊放在他旁边。小纳爬上盖老师的膝盖。盖老师跟小纳很熟，他悄声地说："现在我们可要开始读啦。"

　　其他孩子已经习惯了小纳突如其来的举动，因为这之后他能迅速恢复正常，他们很耐心地坐着。盖老师阅读那本书，给书中的小鸭宝宝都起了自己班上幼儿的名字，引得小纳快乐地咯咯笑。他叫第一只鸭子"小纳"。

　　故事会结束以后，小纳开始玩拼图，盖老师坐在他旁边等他玩完。盖老师说："我们刚刚读书的时候，你很沮丧呀！"

　　小纳："你不翻页。"

　　盖老师："那你现在感觉好些了吗？"

　　小纳："是啊，马老师来了，你也开始读鸭子的故事了。"

　　盖老师："那是一本很好玩的书对吧？我们叫第一只小鸭子'小纳'(这个男孩笑着，而盖老师停顿了一下)。小纳，打人很痛的。你知道下次该怎么做？"

　　小纳："说'对不起'。"

　　盖老师安静了一会儿，说："听我说，小纳，要用嘴说，不要打人。你现在重复我刚说的话。"

　　小纳："要用嘴说，不要打人。"

　　盖老师："这就对了。你可以说。'请翻页！'如果你那么说，我会听你的。"

　　盖老师停顿了一下："马老师过来让你感觉好点了，对吗？"

　　小纳："对呀，我们一起阅读鸭子的书了，马老师是我的好朋友。"

　　盖老师在此运用了"赞美三明治法"：两层正面赞美，然后明确提出一个需要遵守的引导原则，接着再来一个正面赞美。

　　(1)第一层正面引导：通过承认并接纳小纳的感受，盖老师表现出对这个男孩的理解和支持。

　　(2)第二层正面引导：盖老师帮助小纳说出他自身如何看待问题，并且协助他认识到解决问题之后应该得到让人悦纳的结果。注意，盖老师这一方不要做评判。

　　(3)提出引导原则：盖老师很了解小纳，让他重复说下次应该怎么做。他还建议小纳如何说。

　　(4)第三层正面引导：盖老师和小纳讨论接下来发生的事情多么有趣，尤其是当马老师过来坐在小纳旁边的时候。

　　通过"赞美三明治法"能让幼儿感受到成人是站在孩子这边共同解决问题

的，而非对立和惩罚。孩子能感受自己作为个体本身和团队成员的价值，在谈话的过程中保护孩子的价值，能进一步维护积极正面的关系。此外，该方法还提出了相应的要求或建议，让小纳知道下一次该怎么办。

2. 正强化法

行为主义理论流派的斯金纳提出"强化"的概念，他认为，如果某个行为之后出现愉快的刺激，则该行为便会增加。这种策略也经常被成人所用，当幼儿表现出适宜的行为时，成人通过表扬、关注或其他物质奖励的方式进行积极强化，该行为就会得到保持或增加。班杜拉在此基础之上提出"替代强化"，即幼儿通过观察他人的行为所带来的后果来决定自己是否继续进行这一行为。以下是正强化的一个案例❶。

麦吉除了照顾她自己的孩子外，还要照顾两个放学后的孩子。当其他两个孩子在场时，她的儿子很妒忌他们，并且不愿意让他们玩他的玩具。当孩子放学回来后，麦吉给他们点心，还经常让孩子看录像或者听故事磁带。为了调整儿子的妒忌情绪，麦吉和他谈了这个问题，并问他乐意与他们共享什么。她儿子表示愿意分享他的拼插玩具。麦吉表扬了他让其他两个孩子玩他的拼插玩具的做法。以后连续三周麦吉每天都这样做，在这段时间里，麦吉注意到她儿子渐渐地让他们玩他的绘画玩具了。在第四周，麦吉继续用这个方法，但并不是每次孩子们看录像或听磁带时都表扬儿子。她开始在三个孩子一起玩的时候表扬他。渐渐地，她的儿子不怎么妒忌另外两个孩子并更加愿意与他们分享和合作了。之后，麦吉继续偶尔表扬她儿子，以强化他对其他孩子所表现的好行为。

在使用强化方式时，需要注意以下几点：一是强化物的选择应有助于幼儿的健康发展。有些家长会将给幼儿看电视、吃垃圾食品作为奖励，比如，答应幼儿好好吃饭就给看半小时电视，这样的奖励方式是"捡了芝麻，丢了西瓜"，而且也会进一步让幼儿认为看电视、吃垃圾食品是好事。二是不能滥用奖励，容易将幼儿的内在动机转化为外部动机。如幼儿完成作业应出于兴趣或者任务意识，如果用零食作为引诱，幼儿的学习兴趣和动力便会减弱。

3. 积极地暂停

当幼儿出现激烈的情绪和行为时，需要一些时间暂时离开原来的场地或活动来平静下来。幼儿园教师也经常采用这样的方法来应对表现出攻击性行为或扰乱集体秩序的幼儿，让幼儿自己坐在角落反思，不允许做其他事情。从实际效果来看，这对幼儿来说是一种惩罚，幼儿会为自己被隔离而感到羞愧、受伤或愤怒，降低幼儿的自尊和归属感，在此情境中，并不能让幼儿好

---

❶ ［美］希拉·利德尔-利奇：《儿童行为管理》，刘晶波译，103页，南京，南京师范大学出版社，2009。

好思考自己的行为，并习得正确的解决问题的方法。因此，当下教育专家更提倡采用"积极的暂停"。首先，教师应与幼儿谈论"积极的暂停"的价值，让幼儿明白"冷静期"不是惩罚，而是为了让幼儿感觉好起来，这样才能更好地解决问题。其次，与幼儿一起布置"暂停区"，讨论在这个区域能让幼儿心情好转的活动。再次，向幼儿说明，当幼儿感觉好起来的时候要寻找解决问题的方案或者做出弥补。❶ 最后，教师可以根据幼儿的特点决定是否在场，有些幼儿在成人在场时感觉会更好，教师可以在一旁陪伴。

4. 自然后果法

自然后果法是法国启蒙思想家卢梭提出的教育方法，主张让幼儿通过体验其过失的不良后果去认识错误，吸取教训，学会服从"自然法则"，自行改正。由于幼儿年龄小，反复说理对其来说有时并不见效，但对于自身经历过的事情体会会更加深刻。以下是发生在托班的一个案例。

上午十点，幼儿喝完水后，老师请幼儿在门口排成一列，拉着一条长绳准备到户外做早操。小宝（男，2岁10个月）拿上自己的包和衣服，想带着一起出去。李老师提醒道："小宝，你把东西放下，不能拉毛毛虫了。"小宝还是拿着包和衣服。李老师说："好吧，那到大厅要保管好自己的东西，回来记得拿回来哦。"过了半小时，户外活动结束了，幼儿又排成了一列，准备回教室。这时，小宝拿着包，哭了起来。李老师说："东西有点多是不是，你自己拿，我在这里等你。"小宝看着地上的衣服继续哭。保育员王老师想要帮小宝拿。李老师轻轻走过去对王老师说："您别帮他，让他自己拿。"接着又对小宝说："你自己可以的，我在这里等你。"其他幼儿由王老师带回了班级，李老师在门口等着小宝。小宝终于把所有物品都拿上了，跟李老师一起往教室走，一路上一会儿掉这件衣服，一会儿掉那个包，李老师鼓励小宝自己捡，自己在一旁耐心等待。快到教室的时候，李老师问小宝："东西太多了很难拿，是不是？你自己要拿出来的，下次还拿不拿了？"小宝摇摇头。

5. 增强幼儿的能力

幼儿发展不成熟、能力不足是出现挑战性行为的重要因素。因此，应对幼儿挑战性行为最重要的一项策略便是增强幼儿各个方面的能力，如增强幼儿的肢体协调、手眼协调能力，能减少幼儿在生活自理方面的挫折，提升幼儿解决问题的能力，能帮助幼儿自主解决同伴冲突。增强幼儿能力的关键是给幼儿运用能力的机会，在日常生活中给予幼儿更多自我服务、自己解决问题的机会。在幼儿尝试的过程中，不仅能提升幼儿的能力，还能让幼儿感受到重视，建立自尊心和自信心。

---

❶ [美]简·尼尔森：《正面管教》，玉冰译，122～125页，北京，北京联合出版公司，2016。

五、幼儿挑战性行为的观察案例与分析

幼儿的挑战性行为种类多样,以下列举了攻击性行为、说谎行为、社交退缩、分离焦虑等四种行为。

(一)幼儿的攻击性行为

1. 幼儿攻击性行为及观察要点

攻击性行为是指有意针对他人的敌视、伤害或破坏性的身体行为或语言行为,如骂人、打人、踢人、咬人等攻击性行为在幼儿园中比较常见。从行为指向的目的来看,攻击性行为可分为工具型攻击与敌意型攻击;从攻击的表现方式来看,攻击性行为可分为身体攻击与语言攻击;根据行为的诱因,可以分为反应性攻击和主动性攻击。幼儿产生攻击性行为的原因有很多,有些是由于幼儿语言发展不成熟,无法表达自己的需求,有些是因为模仿成人或同伴,也有些是由于环境设置不合理,如同类玩具过少、环境过于拥挤等。幼儿的攻击性行为如果比较频繁又得不到支持,会影响其社会交往,出现适应性困难。因此,教师需要观察幼儿所处的情境,判断分析幼儿是由于哪些原因导致的攻击性行为,从而进行有针对性的支持。

一般来说,对于幼儿的攻击性行为,我们可以从以下几个方面进行观察:

(1)幼儿通常在什么时候出现该行为以及行为的频率。

(2)是什么引发了他的攻击性行为。

(3)攻击性行为的具体表现与严重性程度。

(4)被攻击者及其反应。

(5)成人的引导方式及幼儿的回应。

2. 幼儿攻击性行为案例分析

小 Z(女,4 岁 6 个月)是一名中班幼儿,在幼儿园经常和小朋友发生冲突,出现打人、推人、抓人等攻击性行为。因此,老师采用事件取样的方式记录小 Z 的行为,并通过与家长沟通获得更全面的信息,以下是对该幼儿的观察报告(见表 5-16)。

表 5-16 幼儿攻击性行为的观察报告

基本信息	观察对象	小 Z(女,4 岁 6 个月)	观察者	王老师
	观察时间	2021 年 12 月 8 日至 10 日	观察方法	事件取样法
	观察目的	观察幼儿产生攻击性行为的原因,培养幼儿的亲社会行为。		
	观察内容	1. 幼儿攻击性行为的出现的时间、场景。 2. 幼儿攻击性行为的起因。 3. 幼儿的攻击性对象。 4. 幼儿攻击性行为的具体表现。 5. 幼儿攻击性行为之后的反应。 6. 被攻击者的回应。 7. 成人的干预措施以及幼儿的回应。		

基本信息	行为的操作性定义及分类	攻击性行为是指有意针对他人的敌视、伤害或破坏性的身体行为或语言行为。 攻击性行为发生的场合： a=晨间活动　b=自由活动　c=过渡环节　d=集体活动　e=区角活动　f=生活活动 事件起因类型： K=空间争夺　W=物品争夺　H=还击报复　B=帮助朋友或受他人指使　Q=无故欺辱他人 行为类别： ST=身体攻击　YY=语言攻击					
观察记录	编号	时间	地点	发生背景（起因）	起因类别	经过	行为类别	结果
	Z001	a 12月8日 9:05—9:10	户外活动区	班级幼儿在活动区玩游戏，小Z在玩跳圈游戏，对面小Q跳了过来。	K	小Z推开了小Q，小Q差点摔倒。	ST	两人继续往前跳。
	Z002	f 12月8日 10:20—10:23	盥洗室	小朋友陆续去解小便、洗手、喝水。小Z走进盥洗室，一边一个隔间一个隔间地看过去，一边自言自语地说："谁把小便弄到外面来了，是谁弄出来了。"	K	盥洗室里最后一个隔间地面很干净，已经有一个女孩子小W站在里面了，小Z没有说话，直接伸手把女孩拉下来，自己走了进去。小W也不甘示弱，伸手去抓小Z的脸颊。	ST	这时候老师发现了，让小W和小Z先解完小便，带着小Z和小W出去了。
	Z003	c 12月8日 15:30—15:32	教室中间	吃完点心，小朋友陆续把小椅子搬到教室中间。没一会，小M和小Z都哭了起来，抢着一个椅子说是自己的。	W	老师问小朋友们有没有看到椅子是谁搬过来的，小Z生气地把小M推到地上，说："哼，这是我搬来的椅子！"	ST	老师扶起小M，对着小Z说："你怎么能推人呢！"小Z噘起嘴，另一个老师搬来一把椅子，主班老师开始组织集体活动。
	Z004	b 12月8日 16:20—16:25	娃娃家	小Z在娃娃家抱着玩具娃娃，小D上前去抢。小Z紧紧抓住娃娃不肯给他，但没有成功，娃娃被小D抢走了。	W/H	于是小Z用手打了小D的头，小D大哭不止。	ST	正好这时小Z的奶奶来幼儿园接，见此情形就劝说小Z把娃娃让给小D，小Z不愿意。于是，奶奶就从小Z手中拿走玩具递给小D，小Z大哭了起来。

续表

观察记录	Z005	a 12月9日 9:05—9:08	户外活动区	班级幼儿在活动区玩游戏，小Z 9:00到了幼儿园，站在活动区，揉揉眼睛。过了一会儿小M的球滚过来，弹到了小Z的膝盖上。	H	小M正在捡球，小Z一只手抓住小M的衣服，另一只手打在小M身上。	ST	小M看了小Z一眼，就跑开了。
	Z006	b 12月9日 12:10—12:15	图书区	餐后活动中，小朋友们在看书、玩自己带来的玩具，小Z突然大声叫起来，老师马上去问她怎么啦。	W	旁边的小H说："小Z一定要拿我手上的这本书，还抓我的手。"说着小H举起被小Z抓到的手背给老师看。老师拿起小H手上拿着的书本，上面写着小Z的名字，是开学初小Z带来和小朋友们分享的图书。	ST	老师询问："这本书是谁先拿到的？"小H说"是我先拿到的。"老师说："是小H先拿到的，先给小H看，这是你的书，但是要分享给其他小朋友。"小Z嘴里一直说着："我的，我的。"
	Z007	a 12月10日 9:00—9:05	户外活动区	班级幼儿在户外活动场地玩游戏，小Z 9:00到了幼儿园，站在活动区，看其他幼儿玩游戏。小X正在拍球，球越来越靠近小Z，小X对小Z说："让一下。"	H	小Z等到小X靠近自己的身体，一把把小X推倒在地上。小X哭了起来。	ST	老师跑过去扶起小X，对小Z说："怎么又是你啊？"小Z噘着嘴在一旁看着。
	Z008	e 12月10日 15:20—15:25	美工区	小Z和小M在美工区做新年树的手工。剪着剪着，小Z新年树上的装饰掉在了地上，小Z没有发现。	W	过了一会，小Z开始往新年树上粘装饰的时候，发现自己少了一个装饰，就把小M面前的装饰拿到了自己面前。小M马上说："这是我的！"小Z高高地抬起手，用力地拍在小M手臂上，大声说："这就是我的！"并扭头和老师说："老师，他拿我的东西！"	ST	老师把小Z的装饰捡起来，对小Z说："这是你的。"小Z紧紧抓着小M的装饰说："我的，我的。"老师只能把小Z的给了小M。

续表

分析	1. 从上述记录可以看出，在这三天内共观察到小 Z 的攻击性行为 8 次，都属于身体攻击。从起因来看，有 4 次属于物品争夺，其中 3 次是拿了其他幼儿的物品，1 次是由于自己在玩的玩具被抢而进行的反击；有 3 次是因为空间争夺；有 2 次是被他人碰到或被抢玩具而反击。从发生的时间段来看，有 3 次发生在晨间活动，2 次出现在生活活动，还有 3 次分别出现在自由活动、区域活动和过渡环节。 2. 根据观察记录以及向小 Z 父母了解到的信息，得出小 Z 多次出现攻击性行为的原因如下： （1）小 Z 语言发展还未成熟，还不能用语言来表达自己的需求以及不适，直接用动作来解决问题。且小 Z 作为小班幼儿，在班级中身材较为高大，力气比较大，因此经常能够用力量来推倒或打疼其他幼儿。 （2）小 Z 处于自我意识发展阶段，经常会说"我的，我的"。但由于认知局限，无法正确理解物品的归属。比如，在区域活动中，老师虽然说明了装饰物是其他人的，小 Z 还是无法理解，也不能理解拿到幼儿园的书籍是大家一起看的。 （3）小 Z 攻击性行为发生的时间和场合较为多样，3 天的晨间锻炼中都出现了攻击性行为，且多为反击行为。小 Z 平时来园比较迟，一般都在 9:00 以后，来了之后直接是晨间锻炼中，还未完全清醒，情绪不是很好，因此其他人一碰或者靠近就会直接动手反击。 （4）与小 Z 的家庭教养情况也有关。小 Z 平时都是祖辈带养，且平时很少有与其他小朋友相处的时间，移情能力较弱；同时，祖辈有时也会强迫让小 Z 分享（如 Z004），让小 Z 更加物权意识不清，会强烈捍卫想要的物品。
建议	根据小 Z 的情况，老师制订的指导目标是： 1. 帮助小 Z 认识物品所属。 2. 提升小 Z 的语言表达能力，引导其用语言表达自己的诉求。 3. 提升小 Z 的移情能力。 具体策略如下： 1. 在日常生活中通过谈话、讲故事等方式让小 Z 了解物品所属，有哪些东西是共有的，什么东西是自己，什么东西是别人的。别人的东西，我们不能自己去抢过来，共有的东西是大家一起玩的。 2. 通过示范、故事、角色扮演等方式，与幼儿交流遇到都想玩的玩具应该怎么做，想要玩对方的玩具可以怎么说。 3. 在小 Z 攻击性行为发生之后就引导小 Z 观察被攻击幼儿的表情、感受，并在日常生活中通过多种方式培养小 Z 的移情能力，感受攻击他人对他人带来的伤害。 4. 与家长进行交谈，在家中创造幼儿与同伴交往的机会，鼓励幼儿与他人分享，但理解幼儿不愿意分享的行为，因为幼儿首先要掌握物品归属权，对自己的财产具有安全感后，才懂得有意识地分享。

（二）幼儿说谎行为

1. 幼儿说谎行为及观察要点

幼儿说谎行为是指幼儿说与事实不符合的话。幼儿的说谎行为会让很多家长紧张，他们会给说谎的幼儿贴上"不诚实"的标签，但其实说谎应该是每个幼儿必定会经历的过程。年龄较小的幼儿认知水平不成熟，往往分不清事实与想象，比如，把动画片中看到的说成是真的，这种说谎属于无意说谎；年长一些的幼儿为了获得某些物品或逃避惩罚，而故意说谎。事实上，说谎特别是故意说谎反映了幼儿心智的成熟情况，因为孩子说谎需要处理很多信息，比如，要理解自己做了什么，预判成人会怎么想，还要设想出合理的解释，如何与成人表达等。但是，养成有意说谎的习惯不利于幼儿的道德发展，因此要找到幼儿说谎的原因，及时矫正。

对于幼儿的说谎行为我们可以从以下几个方面进行观察：

(1)幼儿说谎的内容和具体表现，如夸大事实、说不存在的事情、隐瞒发生的事情等，以及说谎时的动作、语言和神态等。

(2)幼儿说谎的原因类型：幼儿说谎可分为无意说谎和有意说谎两种，前者是由于幼儿认知水平低，分不清现实与假想，或者因为沟通能力有限，采取夸张的方式表达；后者是幼儿明知事实真相，为了达到一些目的故意歪曲事实的行为，如为了得到表扬、奖励或某物，为了逃避惩罚或为了不做某事找理由，故教师需要通过观察先判断幼儿的说谎类型。

(3)幼儿说谎后成人的回应以及幼儿的反应。成人对幼儿说谎的回应对幼儿有很大的影响，大人说教、惩罚往往是失效的，重要的是要营造一个"没必要说谎"的环境。

2. 幼儿说谎行为的案例分析

D宝在幼儿园有很多好朋友，和好朋友玩的时候总是会忘记班级里的规则，可是当老师提醒他的时候，他又会很紧张，有时会说谎。因此教师通过逸事记录的方式记录了该幼儿的两次说谎行为(见表5-17)。

表5-17 幼儿说谎行为的观察报告

观察对象	D宝(男，5岁半)	观察者	郭老师
观察目的	观察D宝的说谎行为，采取合适的干预措施。	观察方法	事件取样法
观察内容	1. D宝说谎的情境。 2. D宝说谎的具体内容。 3. D宝说谎时动作、语言、神态等各方面的表现。 4. D宝面对老师引导时的态度。		
观察记录	记录一 　　观察时间：11月12日　16:00—16:05 　　观察地点：大三班教室 　　临近放学，老师在给小朋友们整理衣服，其他小朋友在和好朋友自由聊天，这时候D宝牵着ZZ的手来到老师面前，给老师看ZZ的手。ZZ手上有一个深深的牙印。老师问ZZ："谁咬了你？"ZZ支吾着说不出来，老师只能先带ZZ去冷敷。冷敷完，老师问旁边的小朋友有没有看到谁咬了ZZ，小H说就是D宝。这时候D宝眼睛睁得大大的，无辜地看着老师。"D宝，是你咬了ZZ吗？"D宝不说话，只是摇头。"如果是你咬的也没关系的，只要和ZZ说对不起就好了。"D宝睁着眼睛不说话。老师又说："那现在我们不知道谁咬了ZZ，只能去保安叔叔那里看看监控了，你和我一起去看监控好吗？"D宝眼泪在眼睛里打转了，一直摇头。老师先让D宝去拿书包准备放学，D宝去拿书包的时候走到另一位老师那里，承认了ZZ手上的牙印是自己咬的。 记录二 　　观察时间：12月17日　10:10—10:15 　　观察地点：大三班教室 　　区域活动的时候，小H跑来和老师说："我们这筐玩具少了好多。""可是这筐玩具上次我们刚整理过，		

	续表
观察记录	没有少东西呀，"老师说，"那你们看到刚刚谁玩过这筐玩具了吗？"小H说是D宝。于是，老师问："D宝，你知道这个筐筐里的玩具在哪里吗？"D宝无辜地看着老师摇头。"那你刚才来玩过这筐玩具吗？"D宝还是摇头。老师让小朋友们一起帮忙找一找，大家找了一会儿，都没有找到。这时，小H大声说："老师，我看到玩具在D宝口袋里！"D宝听了很紧张，老师问："D宝，是你拿了玩具吗？"D宝含着眼泪摇摇头。过了一会，D宝趁着小朋友们在解小便、喝水的时候，把口袋里的东西放回了玩具筐。
分析	事件一中，D宝牵着ZZ的手来找教师请老师给ZZ冷敷，可见D宝看到了自己的行为对ZZ带来的伤害，因此他带ZZ来找了老师。在教师的反复追问下，D宝一直不说话只是摇头否认，眼泪充满了眼眶，在教师提出要去查监控后，最终在另一个教师那里承认了是自己咬了ZZ。从D宝不说话、眼泪充满眼眶，这些细节可以看出D宝应该是害怕自己承认咬了ZZ后会被教师批评，或者在告诉家长后引来家长的责骂，但是他自己应该意识到了自己的行为是不对的，只是缺乏了承认错误的勇气。也有可能比较害怕第一位教师，因此选择对第二位教师坦白事实。 事件二中，教师反复追问D宝有没有拿玩具，D宝也是含着眼泪摇头不承认，D宝选择在小朋友们喝水、解小便的时候把玩具放回去，证明D宝有一定的自尊意识，不愿意公开承认，而在同伴们没有注意到自己的时候放回玩具，也算是意识到自己的错误，并做了相应的补救措施。 在这两次事件中，D宝都属于有意说谎，由于害怕被批评或被同伴知道而选择隐瞒，在教师追问之下仍不愿意承认，但在最后都进行了补救措施。据教师所说，D宝平时自尊心较强、有自己的想法但是又性格比较内向，幼儿这一举动可能与其性格也有一定的关系。
指导建议	1. 营造允许犯错的氛围，缓解幼儿为了逃避惩罚而说谎。逃避惩罚是幼儿说谎中非常见的原因，这从某种程度上来说也是一种本能，趋利避害。而幼儿在成长的过程中"犯错"不可避免，因此在幼儿犯错之后，教师应持以较为宽容的态度，多用正面引导而非惩罚的方式，让幼儿不必因为害怕被严重惩罚而说谎。同时，也能增进师幼关系，让幼儿愿意向教师表达真实的想法。 2. 根据幼儿的性格特征进行引导。D宝性格较为内向且自尊心较强，因此，在被老师询问时不愿意当众承认，而选择私下对另一位教师承认错误或偷偷放回玩具。对于这样的孩子，教师应私下进行交流，保护幼儿的自尊。 3. 对幼儿的诚实行为进行强化，在幼儿承认错误时，表扬其勇于承认错误的行为，让幼儿体验到诚实是好的品质，而不认为诚实反而会带来更严重的惩罚。 4. 了解事件的起因，从根本上解决问题。如事件一是D宝咬了ZZ，因此要深入了解D宝为什么要咬人，是在与ZZ玩，还是发生了冲突，还是寻求感觉刺激？事件二是D宝拿了幼儿园的物品，也要了解、分析D宝为什么要拿幼儿园的玩具，是想要带回去玩，还是要拿回家给爸爸妈妈一起分享，还是分不清自己的东西和幼儿园的东西？只有了解幼儿行为背后真正的需求，才能进一步对幼儿的行为进行支持，提升幼儿的认知，完善解决问题的方式。

(三) 幼儿的社交退缩行为

1. 幼儿社交退缩行为及观察要点

幼儿社交退缩是指幼儿在不同环境下的退缩行为及社会性独处行为，分为主动退缩型、被动退缩型和焦虑退缩型。社交退缩行为是幼儿社会化的重要内容之一，对儿童的社会化发展过程以及心理健康发展具有深远影响。

幼儿社交退缩行为的观察要点包括：

(1) 幼儿社交退缩的具体表现，如不主动参与活动、独自游戏、面对邀约会退却等，幼儿出现社交退缩时的具体情绪、语言和动作等。

(2)幼儿出现社交退缩的情境,观察幼儿是否只对特定人物或场景有社交退缩的行为。

2. 幼儿社交退缩行为的案例分析

小 M(男,4 岁)性格较为内向,在幼儿园从不和其他小朋友发生冲突,也很少和其他幼儿一起玩,几乎不会主动和老师说话。因此,老师通过逸事记录的方式来记录了三次小 M 的社交退缩行为(见表 5-18)。

表 5-18 幼儿社交退缩行为的观察报告

观察对象	小 M(男,4 岁)	观察者	郑老师
观察目的	观察小 M 的社交退缩行为,帮助小 M 建立对幼儿园的安全感。	观察方法	事件取样法
观察内容	1. 小 M 社交退缩的具体表现是什么。 2. 小 M 平时会和谁互动。 3. 小 M 不参与社会交往时,会做什么。 4. 当其他幼儿主动与小 M 交往时,小 M 是什么反应。 5. 当老师与小 M 互动时,小 M 是什么反应。		
观察记录	记录一 　　观察时间:9 月 27 日　9:20—10:05 　　观察地点:小二班教室 　　过渡环节中,先喝完水的小朋友坐下来和小伙伴聊天,小 M 坐在椅子上唱起了"小小雪花天上飞……",这是昨天刚刚学过的歌曲,小 M 旋律和节奏都掌握得很好,歌声很好听。老师听到了歌声,看着小 M 赞许地笑了笑,小 M 马上停了下来,不唱歌也不说话了。老师和小 M 说:"你唱得很好听呀,等一下请你给小朋友表演好不好?"小 M 皱着脸摇头。 记录二 　　观察时间:9 月 29 日　15:20—15:25 　　观察地点:小二班教室 　　吃完点心后,小朋友们陆续把小椅子搬到教室中间来。小 M 吃点心有点慢,等他把小椅子搬过来的时候边上已经没有位置了,老师让他把小椅子搬到中间来,和其他两个小朋友一起坐在中间。在小朋友们注意力集中到老师身上来的时候,老师还特意表扬了小 M:"你们看小 M,他坐下来以后就一直安安静静地看着老师,准备学本领了。"一时间小朋友们的眼神都集中到小 M 身上,小 M 却有点不自在了,眼神飘来飘去。老师看见了,就引出了下一个话题,把大家关注的焦点从小 M 身上移开了。第二天,小 M 的妈妈和老师沟通,说小 M 不想去幼儿园,问他在幼儿园有没有发生什么事情。 记录三 　　观察时间:10 月 10 日　15:50—15:55 　　观察地点:户外活动场地 　　户外活动时,小朋友们在玩滑梯,小 M 却不肯去玩,只是站在旁边看着小朋友们在滑梯上玩。老师说:"小 M,你也去玩滑梯吧。"小 M 摇摇头,老师走近一点想牵小 M 的手,小 M 就后退了一步。老师停下来,说:"小 M,要不你来和我一起保护小朋友吧。"小 M 点点头,站在了老师身边。可是不论老师怎么说,小 M 都不肯去玩滑梯。放学后,老师和小 M 的妈妈说了这件事,小 M 妈妈说平时在小区里小 M 是愿意去玩的,老师建议小 M 妈妈带着小 M 去幼儿园里的滑梯玩一下,放学后滑梯上没有小朋友了,小 M 大大方方地爬到滑梯上玩了起来。		

续表

分析	由观察可知，小 M 是不太喜欢受别人关注的孩子，小 M 独自唱歌时受到了教师的关注，就让他觉得不自在立马停止了唱歌；集体教学活动时小 M 被教师表扬受到了全体幼儿的关注也让他觉得不自在，甚至第二天都不愿意来幼儿园。如果别人夸奖了小 M，或者关注到小 M，小 M 就怎么也不愿意继续做这件事情了。据小 M 的妈妈说小 M 在家里也是这样。因此，可以排除幼儿园的集体生活或者存在高控的环境给小 M 造成的压力，更大的可能是其本身的性格导致的。 　　从滑滑梯事件可以看出，小 M 在活动时间不愿意参加幼儿园的滑梯活动，但在社区喜欢玩，或者等到放学小朋友们都回家了，小 M 也能大方地去玩滑梯了。说明并非小 M 不喜欢该活动，而是由于小朋友太多的缘故。而小 M 不愿意参与的活动，如果成人过于推动，反而会让小 M 更加退缩。 　　从幼儿的社会交往能力发展水平来看，4 岁的幼儿处于独自游戏向平行游戏、联合游戏转变的阶段，有些幼儿社交能力相对强一些，已经可以进行较好的同伴交往，有些幼儿还是喜欢独自玩耍，这是很正常的。幼儿具有个体差异性，小 M 在社交能力方面的发展会相对慢一点，可能需要更多一些时间来适应集体生活。
指导建议	总体来说，小 M 在各个方面发展都很不错，如唱歌、动作等。只是不太喜欢受到关注，也不太适应参与人多的活动。针对小 M 的情况，教师制订了以下教育策略： 　　1. 教师应该给他更多的时间和空间，不要强迫他参与到集体活动当中去。由于小 M 性格较为内向、不喜欢被关注，需要相对宽松自在的生活环境，那么教师就在理解他的基础上，给他更多自由和时间，如不要强迫他在全班幼儿面前展示唱歌，不要强迫他加入户外滑梯游戏，也尽量不营造集体关注小 M 的情景，让他觉得不自在。多给他一些时间，首先让他觉得教室的环境是让他觉得舒适的、安全的，之后才会让他打开自己，才能让融入集体成为可能。 　　2. 以循序渐进的方式引导小 M 逐步融入社会交往中。首先，教师应该与小 M 建立信任、安全、积极的关系；其次，可以和小 M 一起在其他幼儿身边玩，逐渐让个别幼儿参与到他们的游戏，逐步与其他幼儿建立联系；最后，可以通过小 M 喜欢的集体游戏出发，让小 M 参与到集体游戏中。

（四）幼儿的分离焦虑行为

1. 幼儿分离焦虑及观察要点

分离焦虑是指婴幼儿与某个人产生亲密的情感联结后，又要与之分离，从而产生伤心、痛苦的情绪，以表示拒绝分离。分离焦虑在幼儿园小班刚入学时比较常见，多发于学龄前期。因为对于小班幼儿来说，上幼儿园是人生中第一次长时间与父母分开，要适应新的环境势必会有一些焦虑与不安。

幼儿分离焦虑行为的观察要点包括以下几点：

(1)分离焦虑的具体表现：观察幼儿存在哪些分离焦虑的行为，如大哭、一直喊"妈妈"、不说话等。

(2)幼儿分离焦虑出现的情境：通常在什么时间、哪些活动环节出现？

(3)幼儿分离焦虑的持续时间。

(4)教师的引导及效果：教师通过什么方式进行引导、效果如何？

(5)家长如何应对幼儿的分离焦虑：在入园时如何与幼儿分别？如何安抚幼儿？家长的情绪状态如何？

2. 幼儿分离焦虑行为的案例分析[1]

小班刚开学，小C就一直带着自己的依恋物：一只毛绒小狗，这只小狗不能离开小C的视线，不然小C就哭闹不止。因此，老师通过日记法来记录小C的分离焦虑以及和依恋物关系的发展变化（见表5-19）。

表5-19 幼儿分离焦虑行为的案例分析

观察对象	小C（男，4岁）	观察者	郑老师
观察时间	9月27日—11月20日	观察方法	日记法
观察目的	观察小C与依恋物的关系，帮助小C建立对幼儿园的安全感，缓解分离焦虑。		
观察记录	9月27日，区域活动时小C突然哭了起来，老师走过去，听到小C边哭边说："要狗狗。"低头一看，小C的毛绒狗狗正躺在桌子下面。"小狗狗掉在桌子下面了，你看看。"老师说。小C见状马上把小狗狗捡起来抱在怀里，收掉眼泪继续玩玩具了。 9月30日，小C还是和狗狗形影不离，连做早操、滑滑梯时也要抱着狗狗。 10月20日，今天玩攀爬架的时候，小C还是一边用胳膊和身体夹着小狗狗，一边往上爬，看得我心惊胆战。于是，在小C从攀爬架上下来的时候，我说："哎呀，小C，我好像听见小狗狗哭了，你听到了吗？"小C看着老师，没有说话。我继续说："小狗狗说刚才你抱着它一起爬攀爬架，把它勒疼了，我们让小狗狗在草地上坐着休息一会儿，好不好？"小C犹豫了一会儿，点点头。玩一会就去狗狗旁边摸一摸，抱一抱，然后再让小狗狗在草地上继续休息。这是小C第一次把狗狗放下一会儿，自己去玩。 10月25日，这几天，小C经常主动来找我，说"小狗狗刚才晕车啦，我让它在柜子上休息一会""小狗狗摔了一跤，哭了""狗狗昨天没睡好，让它去娃娃家睡一会吧"……小C好像能慢慢通过游戏的方式，让狗狗离开一会儿。 11月20日，小C竟然没带狗狗来幼儿园，小C说："老师说最近病毒很多，要保护狗狗，让狗狗在家休息，不能乱跑，不然会传染到的。"这是小C第一次没有带狗狗来幼儿园。		
分析	案例中的小C由于小班刚入园，对于幼儿园的环境以及教师、同伴都不熟悉，所以他选择时刻带着自己最喜欢、最能给他安全感的毛绒狗狗，这是很正常的。他在幼儿园看不到狗狗就会哭，有了狗狗就立马有了安全感，可以正常进行活动，可见小C对狗狗有着很强的依恋情感。所以我在一开始没有干预小C带着毛绒狗狗，以帮助小C适应分离焦虑。我认为来到新环境有自己熟悉的狗狗陪伴能够帮助他更好地适应新环境。 过了好几个月，小C对毛绒狗狗的依恋依旧一点也没有减退，做任何活动的时候都要带着狗狗，已经影响到了他的日常活动，甚至在攀爬时也要带着狗狗，会产生安全隐患。我意识到小C需要慢慢减少对狗狗的依恋，需要更多地接触新环境，体验与教师同伴一起玩耍的快乐，从而形成一种安全的依恋关系，减少分离焦虑中的恐惧，于是在一次户外活动时，利用小C对毛绒狗狗的依恋之情帮助小C慢慢脱离了对狗狗的依恋。在这之后，小C慢慢延长了自己与依恋物分开的时间，直到不需要将狗狗带来幼儿园。		
反思	对于幼儿，尤其是刚入园的小班幼儿来说，"恋物"是一个很常见的行为。遇到幼儿的依恋问题，教师首先要判断这是不是一个必须要纠正的问题。像案例中小C刚入园时为了缓解入园焦虑而随身携带毛绒狗狗就不是必须纠正的行为，因此我没有介入干预。好几个月后，小C已经逐步适应了幼儿园的生活，分离焦虑明显降低，而此时毛绒玩具影响了小C的日常活动，甚至埋下了安全隐患，这个时候就需要纠正他的行为了。		

---

[1] 王菁：《用专业的心，让观察更有温度：幼儿园"学习故事"的本土化实践研究》，上海，上海教育出版社，2017。

续表

反思	在干预方式上,我没有强硬地制止小C携带毛绒玩具,而是站在小C心爱的毛绒狗狗的角度和小C沟通:"刚才活动的时候带着狗狗把它勒疼了,我们让小狗狗在草地上坐着休息一会,好不好?"小C非常喜爱狗狗,所以他虽然不舍,但还是让狗狗离开自己去休息一会了。利用这种角色扮演的方式,渐渐地毛绒狗狗离开小C的时间越来越多,直到期末有一天,小C没带狗狗来幼儿园。 有些幼儿分离焦虑的问题会持续很久,我们只有给予幼儿足够的理解和关爱,与幼儿建立起安全积极的依恋关系,才能真正帮助幼儿适应幼儿园生活。

 **小试牛刀**

请在实习的过程中,选择一个你认为的挑战性行为,制订观察计划,记录、分析幼儿的行为并提出指导建议,形成完整的观察报告。

  **模块小结**

在本模块,我们从幼儿园的基本活动类型出发,介绍了各类活动中观察什么、如何观察以及如何指导;我们也介绍了如何观察与应对让老师们十分苦恼的挑战性行为,并列举了相关案例。同时,我们也进一步巩固了如何基于观察目的,选择适宜的观察方法,呈现完整的观察报告。"纸上得来终觉浅,绝知此事要躬行",建议同学们多多走入教育现场,进行幼儿行为观察与指导的实践。

思考与练习

云测试:模块五

活学活用

一、简答题

简述角色游戏活动中教师的观察要点及其目的。

二、材料题

1. 齐齐是幼儿园的一个孩子,胆子很小,上课从来都不主动回答问题。老师点名让他回答,他就脸红且声音很小。他也不愿意和同伴交往,老师和小朋友让他一起来玩,他的头摇得跟拨浪鼓一样。

你认为该怎样帮助齐齐?

2. 李老师设计了一个"三只蝴蝶"的游戏活动。她选了三位幼儿扮演蝴蝶，又选了若干名幼儿扮演花朵，结果幼儿兴趣不高，表现被动。还没等游戏结束，一个幼儿就问李老师："老师，游戏完了吗？我们可以自己玩了吧？"

请从幼儿游戏特征和游戏指导的角度分析上述材料。

_____

_____

3. 请对下述观察记录进行点评。

观察对象：小池	性别：男	地点：幼儿园户外玩沙区
观察者：李老师	观察目的：观察小池抢棍子的原因，培养小池的亲社会行为。	
客观记录	小朋友正在沙坑区域玩游戏，小池抢走了小陈的棍子，小陈很着急想要回自己的棍子，老师先进行小小的调解，但小池毫无反应，佳佳在中间进行调解，想了几个办法，他跟小池说："要是把棍子还给小陈他就给他叠纸飞机、送他玩具，但要是不还就不和他做好朋友了。"小池还是无动于衷，其他小朋友也附和着，这时小池的情绪变得激动和暴躁了，出现一些攻击性行为，李老师出来调解，先稳住了小池的棍子，再耐心柔和地跟他说，最后小池把棍子还给小陈，可情绪上还是很不服气。	
分析	小池：脾气暴躁，凶巴巴的，不听劝诫，我行我素，还打老师。 佳佳：心地善良，温柔耐心，正义的化身。 小陈：性格懦弱，随意随和，胆小。	
建议	老师应该加强对小池的指导，表扬佳佳勇敢的行为。	

文本：观察报告
参考表格

课程实践

选择某一类活动，对同一个或者同一组幼儿进行观察，观察次数不少于三次，撰写观察报告。观察报告参考表格请扫描二维码。

参考文献

[1] 李季湄，冯晓霞. 《3－6岁儿童学习与发展指南》解读[M]. 北京：人民大学出版社，2013.

[2] 教育部基础教育司组织编写. 《幼儿园教育指导纲要(试行)》解读[M]. 南京：江苏凤凰教育出版社，2017.

[3] 陈向明. 质的研究方法与社会科学研究. 北京：教育科学出版社，2000.

[4] 施燕，韩春红. 学前儿童行为观察(第二版)[M]. 上海：华东师范大学出版社，2020.

[5] 王烨芳. 学前儿童行为观察与分析[M]. 南京：江苏教育出版社，2012.

[6] 王晓芬. 幼儿行为观察与分析[M]. 上海：复旦大学出版社，2019.

[7] 李晓巍. 幼儿行为观察与案例[M]. 上海：华东师范大学出版社，2016.

[8] 林惠雅. 儿童行为观察法[M]. 新北：心理出版社，1990.

[9] 邱学青. 学前教育观察法[M]. 北京：高等教育出版社，2020.

[10] [美]沃伦·R. 本特森. 于开莲，王银玲译. 观察儿童——儿童行为观察记录指南[M]. 北京：人民教育出版社，2009.

[11] 蔡春美，洪财福，等. 幼儿行为观察与记录(第二版)[M]. 上海：华东师范大学出版社，2019.

[12] 董旭花，韩冰川，刘霞，等. 幼儿园自主游戏观察与记录——从游戏故事中发现幼儿. 北京：中国轻工业出版社，2015.

[13] 张永英. 学前教育见习与实习指南[M]. 北京：高等教育出版社，2020.

[14] [美]Dorothy H. Cohen，Virginia Stern. 马燕，马希武译. 幼儿行为的观察与记录(第五版)[M]. 北京：轻工业出版社，2017.

[15] [美]卡洛琳·爱德华兹，[意]卡利那·里那第. 栗高燕，任丽欣译. 劳拉日记：瑞吉欧教育日记展评[M]. 南京：南京师范大学出版社，2016.

[16] [美]Steffen Saifer. 曹宇译. 幼儿园班级管理问题预防与应对[M]. 北京：中国轻工业出版社，2018.

[17] [美]Amy Laura Dombro, Judy Jablon, Charlotte Stetson. 王连江译. 有力的师幼互动——促进幼儿学习的策略[M]. 北京：中国轻工业出版社，2019.

[18][美]希拉里德尔-利奇. 刘晶波译. 儿童行为管理[M]. 南京：南京师范大学出版社，2009.

[19][美]Marjorie V. Fields，Patricia A. Meritt，Deborah M. Fields. 蔡菡译. 0—8岁儿童纪律教育——给教师和家长的心理学建议[M]. 北京：中国轻工业出版社，2021.

[20][美]简·尼尔森. 玉冰译. 正面管教[M]. 北京：北京联合出版公司，2016.

[21][美]阿黛尔·法伯，伊莱恩·玛兹丽施. 安燕玲译. 如何说孩子才会听，怎么听孩子才肯说[M]. 北京：中央编译出版社，2016.

[22][美]Eva Essa. 王玲艳，等译. 幼儿问题行为的识别与应对（教师篇）[M]. 北京：中国轻工业出版社，2011.

[23][美]Dan Gartrell. 周念丽，等译. 有效应对幼儿挑战性行为的策略——幼儿行为引导手册[M]. 北京：中国轻工业出版社，2022.

[24][美]高瞻教育研究基金会. 霍力岩，等译. 学前儿童观察评价系统[M]. 北京：教育科学出版社，2018.

[25]刘昆. 幼儿园教师的儿童行为观察与支持素养的提升研究——以2—5年教龄的适应期教师为例[D]. 华东师范大学，2018.

[26]陈静爽，宋梅. "问题儿童"违规行为中的师幼互动个案分析[J]. 早期教育（教科研版），2018(01).

[27]戴小红. 幼儿园教师观察能力现状及其提升策略[J]. 学前教育研究，2018(06).

[28]秦元东，王兵. 幼儿园新手与专家型教师活动观察记录的比较[J]. 学前教育研究，2008(11).